Scratch 3.0 程序设计

顾问：

朴松昊　吴明晖

主编：

方　顾　蒋先华　邵云江

副主编：

韩　潇　洪优萍　黄剑锋
沈永翔　谢奕女　朱　晔

编写人员：

陈天虹　陈晓颖　陈　颖　侯晓蕾
黄杨丽　金　敏　蓝　杰　林　鸣
刘福源　苗　森　潘瑛璐　孙　虎
孙俊梅　孙秀芝　唐幸忠　徐　枫
薛梦如　叶　晋　余国罡　俞纪鸣
张宝钢　朱芦卫　周乐跃　张建平

ZHEJIANG UNIVERSITY PRESS
浙江大学出版社

图书在版编目（C I P）数据

Scratch3.0 程序设计 / 方顾等主编. -- 杭州：浙江大学出版社，2019.8

ISBN 987-7-308-19463-1

Ⅰ. ①S… Ⅱ. ①方… Ⅲ. ①程序设计 Ⅳ. ①TP311.1

中国版本图书馆 CIP 数据核字 (2019) 第 170453 号

Scratch 3.0 Chengxu Sheji

Scratch 3.0 程序设计

方 顾 邰云江 蒋先华 主编

责任编辑 肖 冰

文字编辑 刘 凌

责任校对 刘 郡

封面设计 宿宇曦

出版发行 浙江大学出版社

(杭州市天目山路 148 号 邮政编码 310007)

(网址：http://www.zjupress.com)

排　　版 宿宇曦

印　　刷 杭州高腾印务有限公司

开　　本 787mmX1092mm 1/16

印　　张 8

字　　数 50 千

版 印 次 2019 年 8 月第 1 版 2019 年 8 月第 1 次印刷

书　　号 ISBN 987-7-308-19463-1

定　　价 32.00 元

序

随着信息技术的发展，人工智能时代悄然来临，而人工智能离不开计算机程序设计，也就是我们常说的编程。在未来，人类将越来越多地使用人工智能技术，这要求我们不仅需要学会与他人沟通合作，还要学会与机器交流协作，因此可以说，编程是一项适应未来生活的基本技能。

在编程时，我们设计一系列的程序指令，指挥计算机执行特定的任务或解决问题。学习编程可以帮助人们了解计算机的工作原理，通过算法结构和逻辑来表达自己的想法，进行批判性思考，实现自己的创意，在高度数字化的未来社会中取得更大的成功。因此也有人把编程看作一种新时代的读写能力。正如写作可以助人深入思考、表达观点一样，计算机编程也能发挥同样的作用。

目前，编程教学已经纳入中小学综合实践活动课程和信息技术学科课程。少儿编程一般采用图形化的界面，更容易理解，增加趣味性，把学习过程聚焦于设计程序和创意实现上，符合创客教育“智能造物”的理念，是创客教育中公认的入门级课程。此外，少儿编程是 STEAM 课程整合的有力结合点。学习编程，就像拿到了一把神奇的钥匙，可以打开一扇新世界的大门，培养学生多学科综合应用的能力。优秀的编程项目可以与数学、科学、工程、艺术等学科进行主题式整合，其中涉及平面直角坐标系、数据类型、算术运算、几何图形等数学知识，逻辑变量、比较逻辑、逻辑运算、逻辑控制等逻辑思维，造型创造、声音编辑、音乐设计等艺术知识，创意设计、用户体验、交互设计、设计思维等，为培养学生的创造性思维提供了一个很好的实践场。

Scratch 是由美国麻省理工学院（MIT）开发的一款图形化编程工具，它搭建的积木式、模块化的编程环境规避了编程中的语法问题，使编程初学者更专注于作品创作中的学习体验。学生可以利用它学习编程，与他人一起创作和分享自己的作品，如故事、游戏和动画等，同时培养创造力、逻辑力、协作力。这些都是生活在 21 世纪不可或缺的基本能力。Scratch 不仅是一款免费的编程软件，它还有在线学习平台与社区平台，支持全球的编程爱好者在社区中积极创作、合作开发和共享成果。自 Scratch 问世以来，深受广大师生的欢迎和喜爱，而 Scratch 工具也不断更新迭代，目前已更新至 Scratch 3.0 版本。Scratch 3.0 版本相对于早先版本，平台的兼容性更广，支持 PC 和移动设备上的编程，升级了绘图编辑器和声音编辑器，同时增加更多的拓展模块，增强 Scratch 连接硬件设备与现实互动的能力。

本书的作者团队拥有丰富的教学经验，以 Scratch 3.0 为工具，精心设计每一个学习项目，循序渐进，层层深入，带你开启一场 Scratch 编程妙趣之旅。

哈尔滨工业大学计算机学院　博士生导师、教授
朴松昊

目录

Contents

起步篇

进阶篇

提高篇

精通篇

起步篇

L1-1
认识新朋友

1. 认识 Scratch

Scratch 是由美国麻省理工学院 (MIT) 团队研发的图形化编程软件，主要功能是创造属于自己的故事、动画、游戏、音乐以及绘画 , 如图 1-1-1 所示。

图 1-1-1

2. 进入 Scratch 在线学习系统

要学习 Scratch 编程，可以访问麻省理工学院的 Scratch 官网（推荐使用谷歌浏览器或 360 极速浏览器）：https://scratch.mit.edu。因为 Scratch 官网服务器在美国，所以国内访问速度会比较慢。建议使用“小码王校园”(https://school.xiaomawang.com) 或者“好好搭搭”（https://www.haohaodada.com），本书将以“小码王校园”为例。

我的账号：________________________

3. 作品欣赏

登录小码王校园后，打开“互动 - 猜单词”案例，单击案例效果下方的“ ”按钮运行程序，如图 1-1-2 所示。

图 1-1-2

课程列表区中有许多 Scratch 作品，挑选其中一件作品介绍给你的同学，并说说你的推荐理由。

4. 认识 Scratch 3.0 编程窗口

单击课程列表区中的“1 认识新朋友”，选择“认识新朋友课堂案例”运行本节课的案例效果。在案例效果区，单击“去做作业”按钮，打开 Scratch，如图 1-1-3 所示。

图 1-1-3

(1) **舞台**：程序运行的地方。Scratch 编写的程序最终的运行效果都会在舞台上显示。舞台左上角有“ ”和“ ”按钮，可以控制 Scratch 程序运行和停止；舞台右上角有“ ”按钮，可以全屏运行程序。

(2) **角色区**：集中管理舞台角色地方。可以添加角色，使得 Scratch 程序更为丰富多彩；也可以设置角色的相关属性。

(3) **背景区**：集中管理背景的地方。可以添加背景，使得 Scratch 程序更为丰富多彩；也可以设置背景的相关属性。

(4) 积木区：Scratch 采用的是可视化的编程形式，通过将积木区中的积木块进行拼接组合可以实现各种有趣的功能。

小贴士

Scratch 共有九大类，一百三十多个积木块，这些积木块拥有不同的外观。

- **起始指令积木块**

位于程序的最前端，决定以何种形式开始后续指令的执行。起始指令积木块位于“事件”类别中。

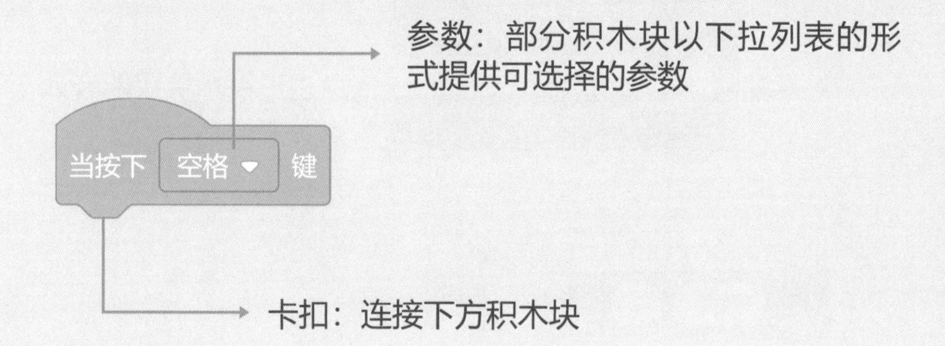

- **动作指令积木块**

位于程序的主体部分，决定程序的具体功能。在 Scratch 中，不同颜色用来表示不同类别的动作指令。

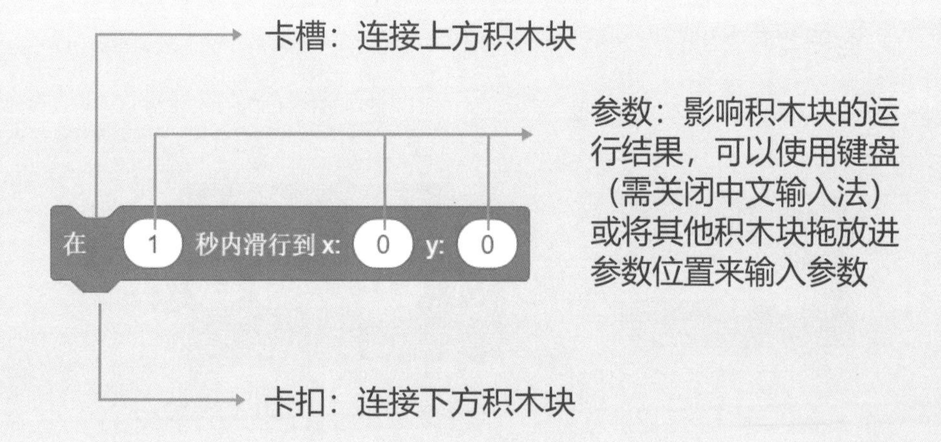

● 参数积木块

作为参数嵌入其他积木块的参数位置。

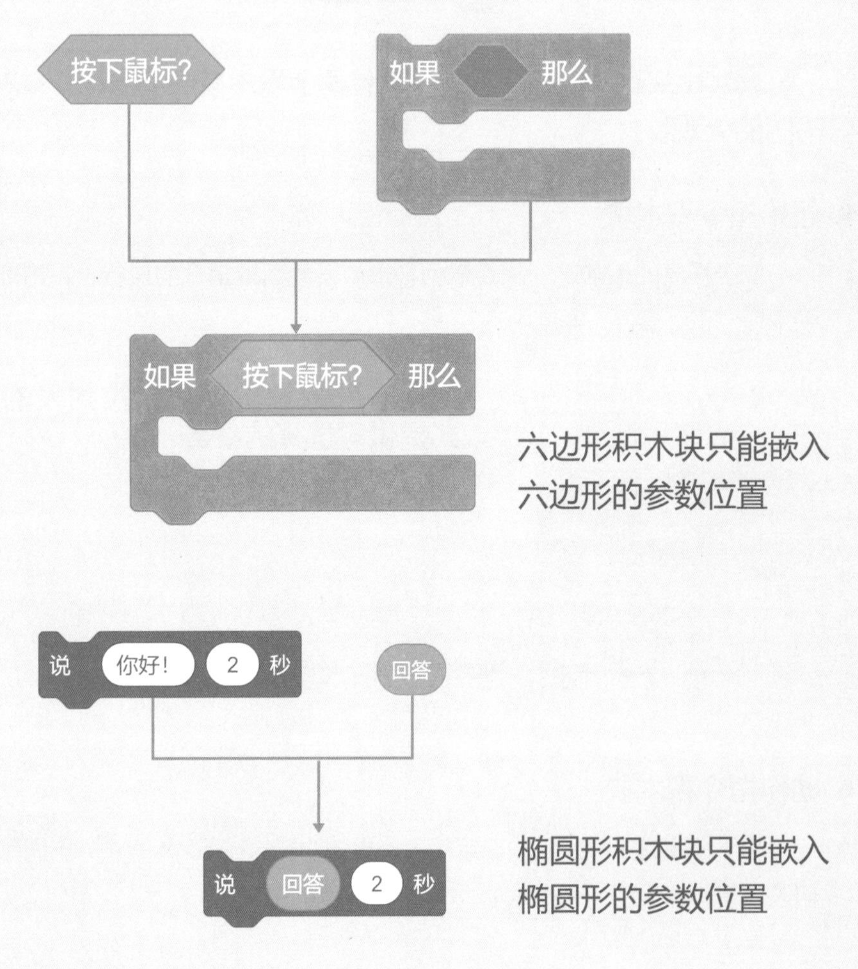

● 容器类积木块

能够嵌入多个动作指令积木块，当满足一定条件时执行它们。

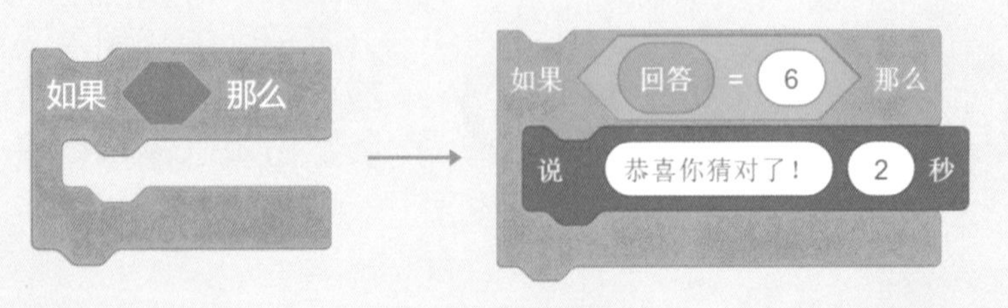

条件成立时执行嵌入的指令

- Scratch 还使用不同的颜色来区别不同功能的积木块。

运动　类别指令是海蓝色的，与角色的动作有关。例如：角色的移动、旋转等。

外观　类别指令是紫色的，与角色的外形有关。例如：角色的说与思考，造型、大小、颜色的设置等。

声音　类别的指令是玫红色的，可以控制角色的声音。例如：播放与停止声音，设置声音属性等。

事件　类别的指令是淡黄色的，通过事件的触发，可以执行特定的程序脚本。最常用的是“当绿旗被点击”指令。

控制　类别的指令是橘色的，通过这一类别的指令，可以编写循环、选择结构的程序。最常用的是“重复执行”“如果……那么……”。

侦测　类别的指令是天蓝色的，通过这一类别的指令可以方便实现各种类型的交互。

运算　类别的指令是绿色的，包括数的运算（加、减、乘、除）、逻辑运算、随机数等指令。

变量　类别的指令是橘红色的，主要是变量、链表这两类，用于保存程序运行过程中的各种数据。

自制积木　类别的指令是桃红色的，可以由用户自定义新的指令，实现特定的功能。

(5) 脚本区：编写程序的地方。Scratch 编程实际上就是将各种指令拖动到脚本区，按一定的逻辑关系组合起来的过程。该区域右下角有三个图标，可以放大、缩小、自适应编程区域的大小。当程序指令比较多时，也可以拖动该区域右边的垂直滚动条、底部的水平滚动条浏览程序脚本。

(6) 功能区：位于整个窗口的最上方。目前可以使用的是“文件”菜单，将编写好的程序文件下载到本地保存，或者将本地保存的 Scratch 程序上传到网站运行。

5. 第一个 Scratch 程序

(1) 在积木区的“事件”类别中找到“当 被点击”积木块，将它拖动到脚本区。

(2) 在积木区的“外观”类别中找到“说 你好！ 2 秒”积木块，用鼠标将其拖动到“当 被点击”下方卡扣附近，此时会出现灰色阴影，再释放鼠标，将两个积木块拼接在一起。

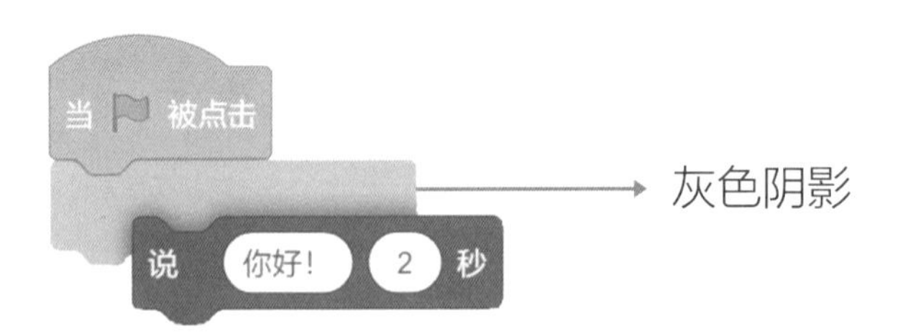

(3) 单击舞台左上角的“ ”按钮运行程序。

小技巧：

可以给作品添加一个背景，使作品更美观。首先在背景区单击“选择一个背景”选项，从背景库中选择一个自己喜欢的背景，如图 1-1-4 所示。

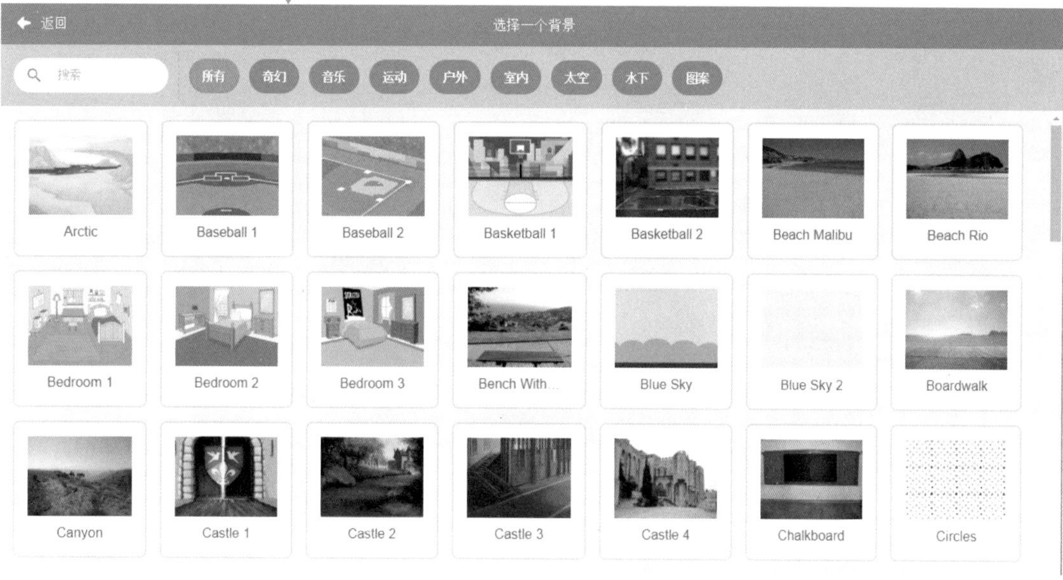

图 1-1-4

进阶任务

设计程序：让小码君说“同学们好，我是小码君！”。

自我评价

完成课堂练习　　　　达标□

完成进阶任务　　　　达标□

L1-2
小码君去博物馆

任务需求

单击舞台上方的小绿旗后，舞台中的小码君会移动到场景中的博物馆，如图 1-2-1 所示。

图 1-2-1

算法梳理

导入本地背景：鼠标放在“选择一个背景”按钮上，会弹出菜单栏，单击菜单栏中的“上传背景”选项导入素材，如图 1-2-2 所示。

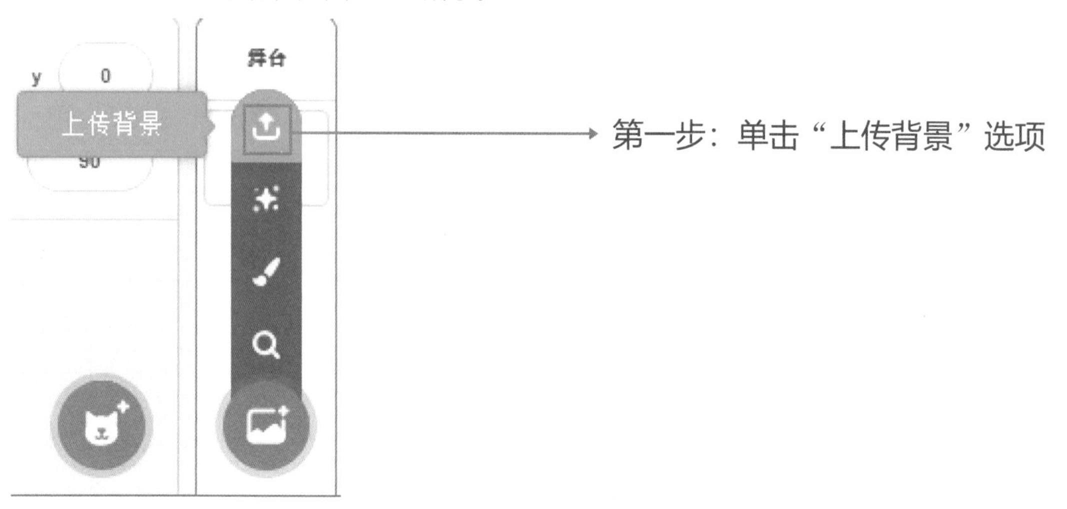

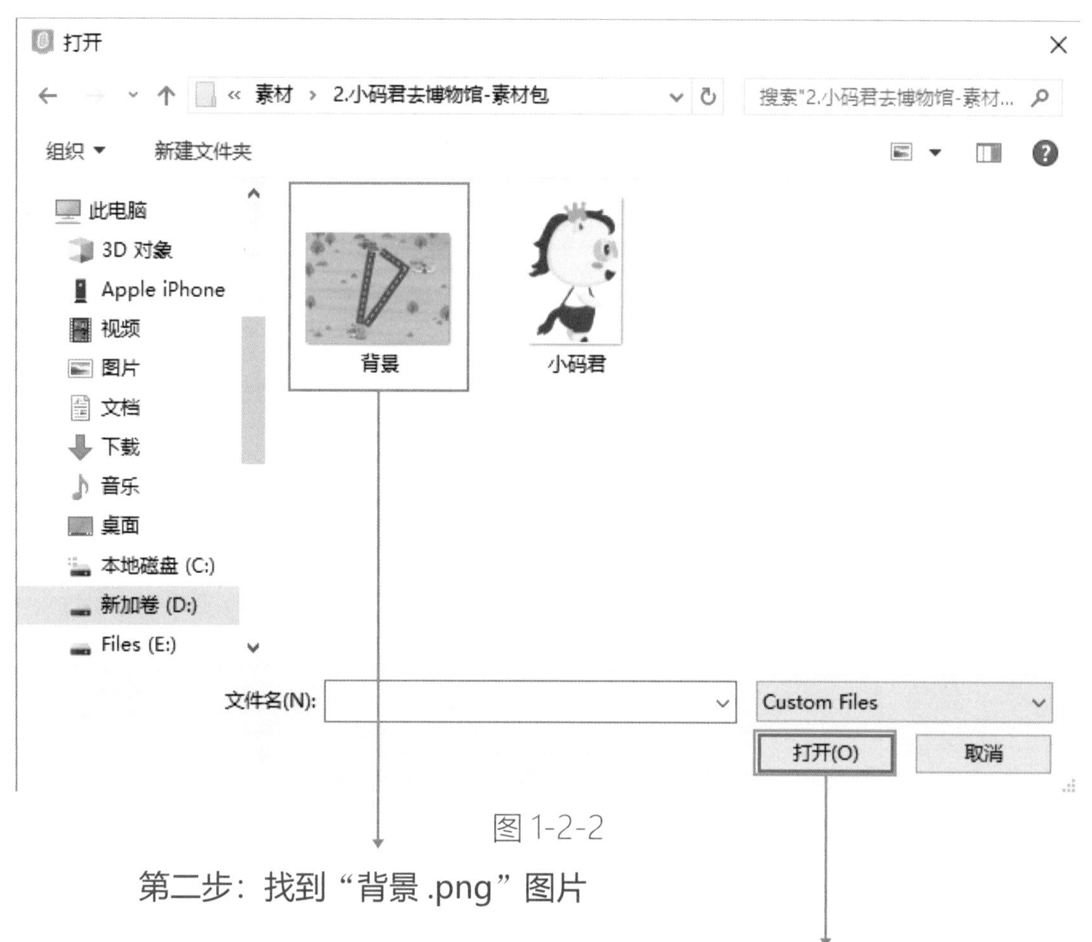

图 1-2-2

积木块	功能
	将当前角色在指定时间内滑行到参数所指定的坐标位置

Scratch 舞台是一个 480X360 像素的矩形（图 1-2-3），平面直角坐标系表示角色位置。横坐标为“x”轴，从左往右依次递增，最小值是“-240”，最大值是“240”；纵坐标为“y”轴，从下往上依次递增，最小值是“-180”，最大值是“180”；舞台的中心就是坐标原点（0,0）。

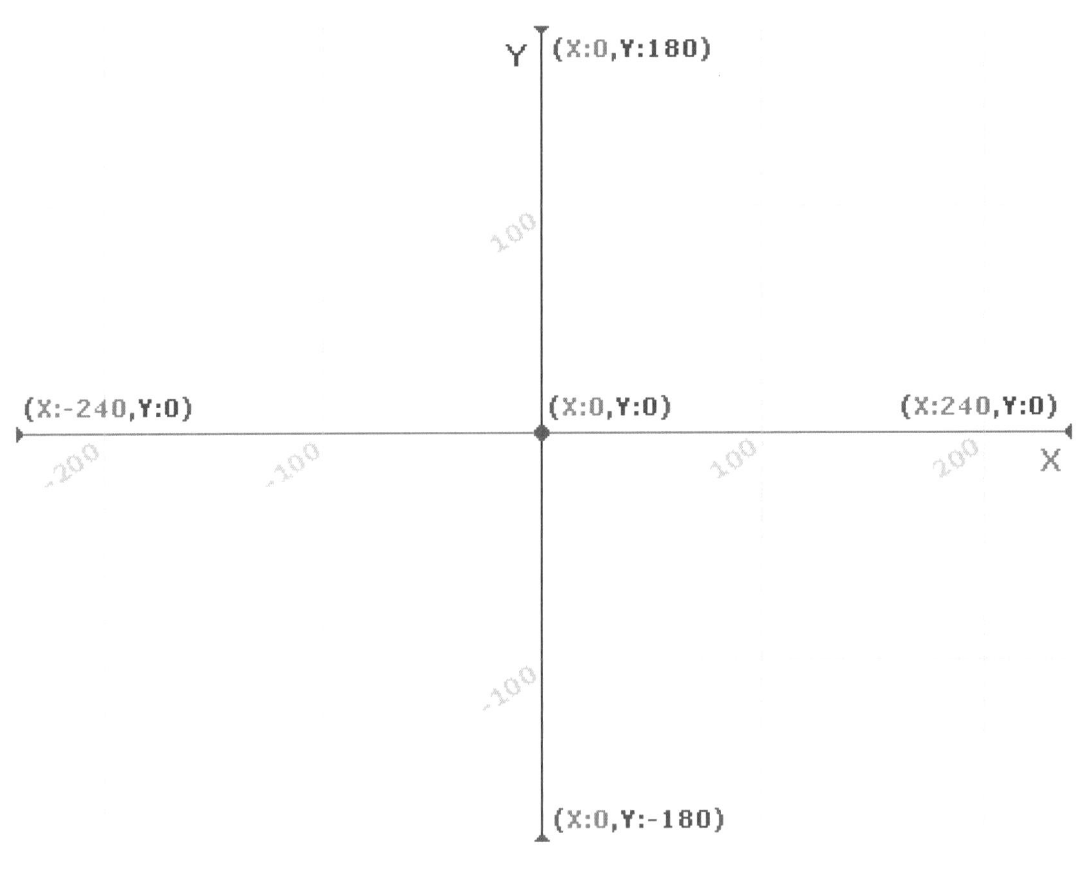

图 1-2-3

试一试

将舞台中的角色，依次拖动到家、博物馆、公园的位置，观察角色属性区的变化，记录下角色的位置坐标。

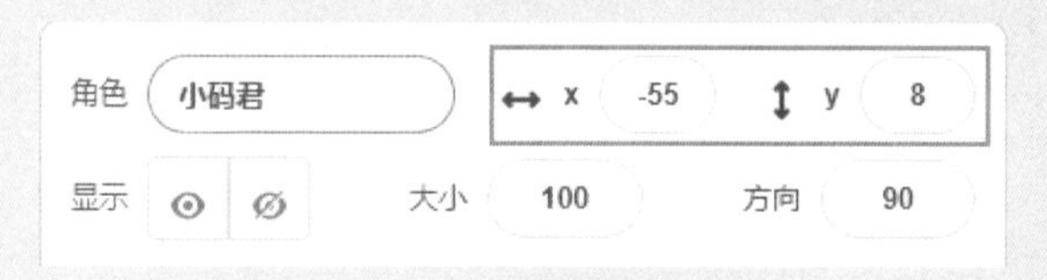

地点	家		博物馆		公园	
坐标 (x,y)	x:	y:	x:	y:	x:	y:

将坐标输入“在 1 秒内滑行到 x: 0 y: 0 ”积木块中的 x 和 y 参数位置，再单击积木块，你发现了什么？

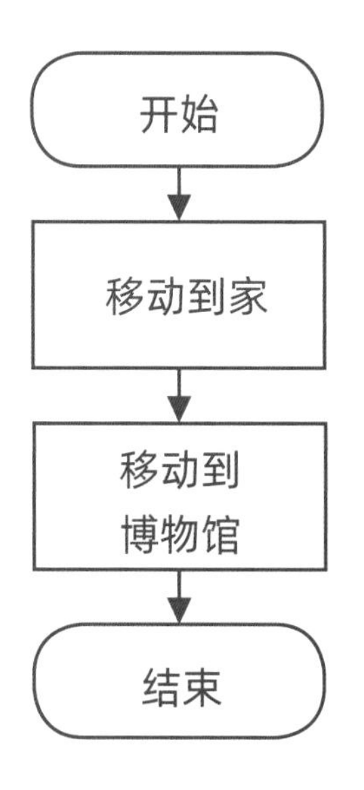

(1) 将小码君拖动至家的位置。

(2) 将小码君移动到博物馆的位置。

算法实现

流程图步骤	积木块	确定参数
开始	当 🏳 被点击	
移动到家的位置	将小码君拖动至家的位置	
移动到博物馆	在 1 秒内滑行到 x: 0 y: 0	博物馆的坐标
结束		

想一想：

如果想再运行一次程序，你发现有什么问题？如果希望每次程序运行时，小码君都能够自动从家的位置开始移动，又该如何修改程序？

进阶任务

设计程序：小码君从博物馆离开后继续去了公园，最后又回到家了里。

自我评价

完成课堂练习　　达标☐

完成进阶任务　　达标☐

L1-3
小码君环游神奇世界

任务需求

单击小绿旗后，小码君从起点出发，先移动到萝卜王国，再移动到小码星球，最后回到起点，如图 1-3-1 所示。

说明：小码君在移动时，需要始终面朝目的地方向。

图 1-3-1

算法梳理

积木块	功能
	将当前角色移到参数所指定的坐标位置
	使当前角色面向指定方向
将旋转方式设为 左右翻转 ▾	设置当前角色的旋转方式

试一试

在案例效果区，单击“去做作业”按钮，进入作品创作界面。在“面向 90 方向”积木块的参数区输入“-90”，随后单击该积木块，观察舞台中角色的变化。再在积木区中单击“将旋转方式设为 左右翻转 ▾”积木块（确认参数为“左右翻转”），观察舞台中角色的变化。

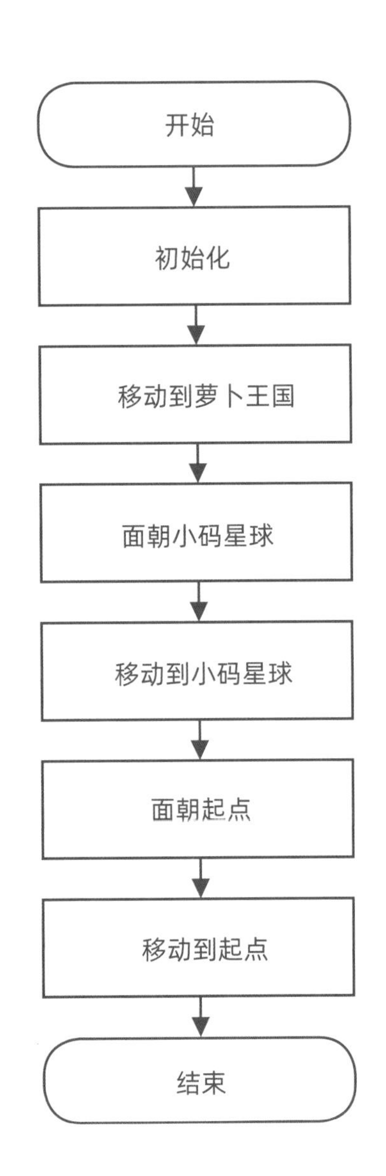

(1) 初始化小码君。

(2) 将小码君移动到萝卜王国。

(3) 让小码君面朝小码星球方向。

(4) 将小码君移动到小码星球。

(5) 让小码君面朝起点方向。

(6) 将小码君移动到起点位置。

算法实现

流程图步骤	积木块	确定参数
开始	当 🏳 被点击	
初始化	面向 (90) 方向	90
	移到 x: (0) y: (0)	将小码君拖动到起点
	想一想："移到 x: (0) y: (0)"积木块和"在 (1) 秒内滑行到 x: (0) y: (0)"积木块有什么不同？	
移动到萝卜王国	在 (1) 秒内滑行到 x: (0) y: (0)	将小码君拖动到萝卜王国
面朝小码星球	将旋转方式设为 [左右翻转 ▾]	左右翻转
	面向 (90) 方向	-90
移动到小码星球	在 (1) 秒内滑行到 x: (0) y: (0)	将小码君拖动到小码星球
面朝起点	将旋转方式设为 [左右翻转 ▾]	左右翻转
	面向 (90) 方向	90
移动到起点	在 (1) 秒内滑行到 x: (0) y: (0)	将小码君拖动到起点
结束		

进阶任务

设计程序：让小码君环游神奇世界中的所有景点。

自我评价

完成课堂练习　　　　达标☐
完成进阶任务　　　　达标☐

综合练习一

独自完成“小码君取水”案例

要求：

（1）导入背景、角色。

（2）小码君移动最短的距离取水救火。

提示：

案例素材在“综合练习一”课程包。

L1-4
小码君上学记

任务需求

单击小绿旗后，小码君沿着路径移动到学校，如图 1-4-1 所示。

说明：在路径的拐角位置，小码君能够向左或向右旋转。

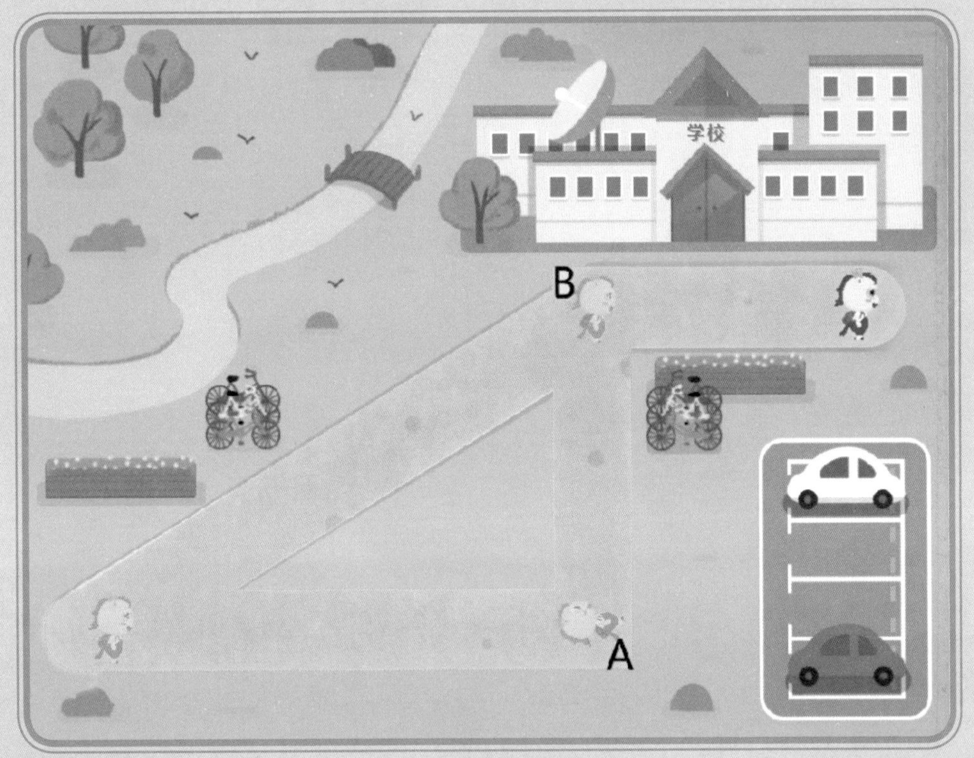

图 1-4-1

算法梳理

积木块	功能
	使当前角色按顺时针方向旋转指定角度
左转 15 度	使当前角色按逆时针方向旋转指定角度

试一试

单击积木区“运动”类别的“右转 15 度”积木块或“左转 15 度”积木块，观察角色属性区方向的变化。

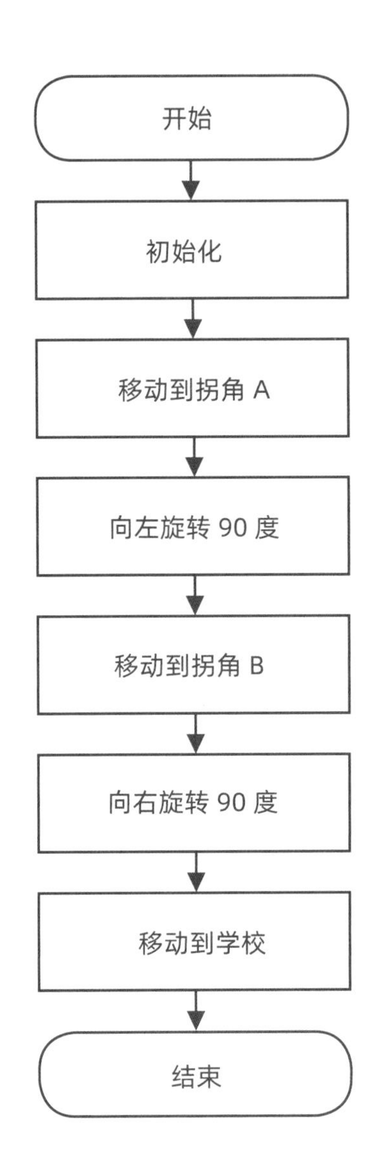

(1) 初始化小码君。

(2) 将小码君移动到拐角 A。

(3) 将小码君向左旋转 90 度。

(4) 将小码君移动到拐角 B。

(5) 将小码君向右旋转 90 度。

(6) 将小码君移动到学校。

算法实现

流程图步骤	积木块	确定参数
开始	当 ⚐ 被点击	
初始化	想一想：角色的初始化要用到哪些积木块，又该如何确定它们的参数呢？	
移动到拐角 A	在 1 秒内滑行到 x: 0 y: 0	拐角 A 的坐标
向左旋转 90 度	左转 ↺ 15 度	90
移动到拐角 B	在 1 秒内滑行到 x: 0 y: 0	拐角 B 的坐标
向右旋转 90 度	右转 ↻ 15 度 想一想：如果使用“ 左转 ↺ 15 度 ”积木块，能否完成相应的操作，又该如何确定参数？	90
移动到学校	在 1 秒内滑行到 x: 0 y: 0	学校的坐标
结束		

进阶任务

设计程序：让小码君沿最短路径到达学校。

自我评价

完成课堂练习	达标□
完成进阶任务	达标□

L1-5
小码君旅行记

任务需求

运行作品，小码君向背景图中的地平线（屏幕中部）方向移动，并呈现渐行渐远的效果，如图 1-5-1 所示。

图 1-5-1

算法梳理

积木块	功能
将大小设为 100	将当前角色的大小直接设置为指定值
将大小增加 10	将当前角色的大小在原来的基础上增加指定值
将y坐标增加 10	将当前角色的纵坐标在原来基础上增加指定值
等待 1 秒	暂停执行程序，等待指定时间以后再继续执行程序

试一试

在积木区的“外观”类别中找到“ 将大小设为 100 ”积木块，将其参数修改为“50”，随后单击积木块查看效果。依次测试“ 将大小增加 10 ”积木块和“ 将y坐标增加 10 ”积木块，修改为表格内的参数值，观察舞台中角色的效果并填写表格。

积木块	参数值	角色效果
将大小增加 10	20	□增大 □缩小
	-20	□增大 □缩小
将y坐标增加 10	20	□上移 □下移
	-20	□上移 □下移

小码君在移动过程中经过的几个位置的坐标如图 1-5-2 所示。

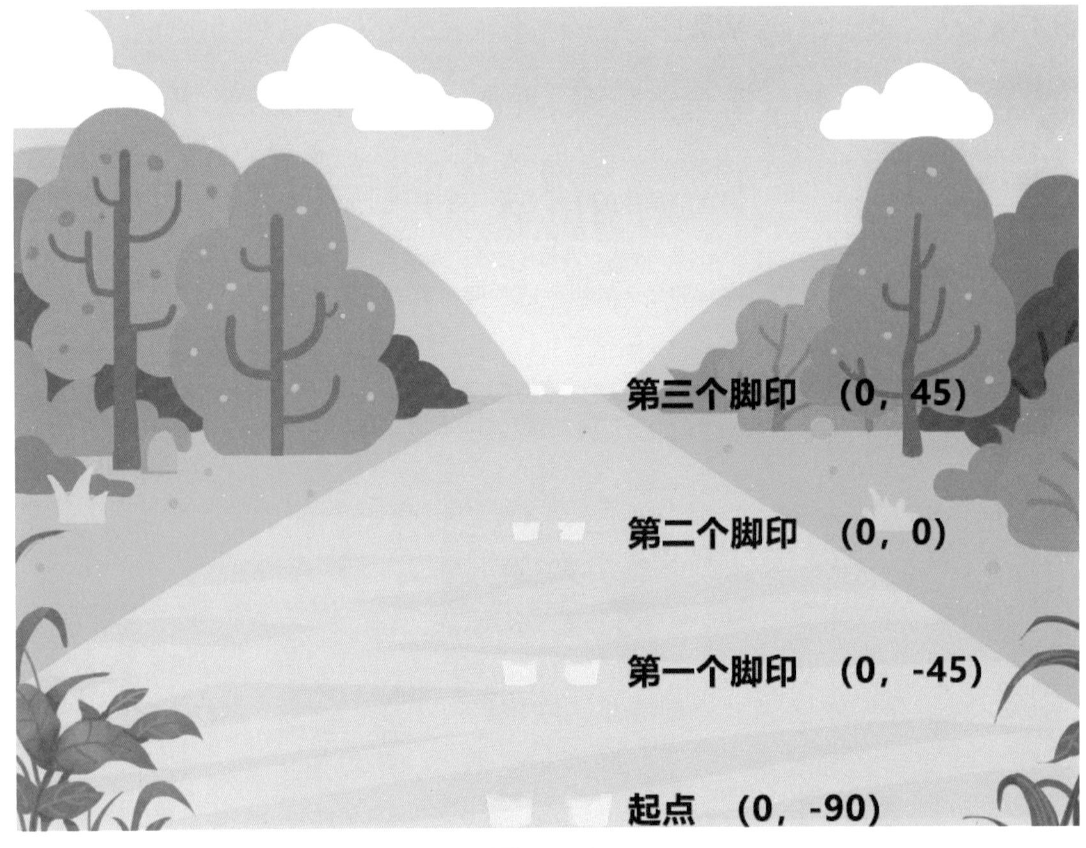

图 1-5-2

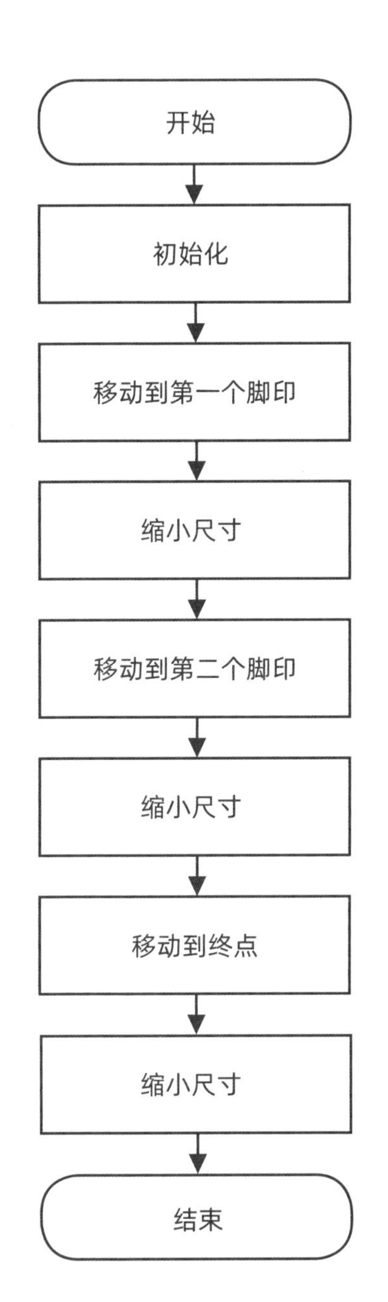

(1) 初始化小码君。

(2) 将小码君移动到第一个脚印。

(3) 将小码君的尺寸缩小。

(4) 将小码君移动到第二个脚印。

(5) 将小码君的尺寸缩小。

(6) 将小码君移动到终点。

(7) 将小码君的尺寸缩小。

算法实现

流程图步骤	积木块	确定参数
开始	当 🏳 被点击	
初始化	将大小设为 100	100
	移到 x: 0 y: 0	起点的坐标
移动到第一个脚印	将y坐标增加 10	45
缩小尺寸	将大小增加 10	-10
移动到第二个脚印	将y坐标增加 10	45
缩小尺寸	将大小增加 10	-10
移动到终点	将y坐标增加 10	45
缩小尺寸	将大小增加 10	-10
结束		

动动手：

运行程序并观察结果：小码君在第一个脚印和第二个脚印的位置上出现了么？怎么办？请修改程序。

进阶任务

设计程序：让小码君由终点向起点位置变化。

自我评价

完成课堂练习　　　　达标□

完成进阶任务　　　　达标□

L1-6 小码君的一年四季

任务需求

当小绿旗被单击，舞台背景为春天，小码君告诉我们“春天到了”；接着背景切换为夏天，小码君告诉我们“夏天到了”；随后背景切换为秋天，小码君告诉我们“秋天到了”；最后背景切换为冬天，小码君告诉我们“冬天到了”，如图 1-6-1 所示。

图 1-6-1

算法梳理

如图 1-6-2 所示，在案例效果区右上角单击“课程素材包下载”链接，将素材包保存到计算机中的适当位置并解压。

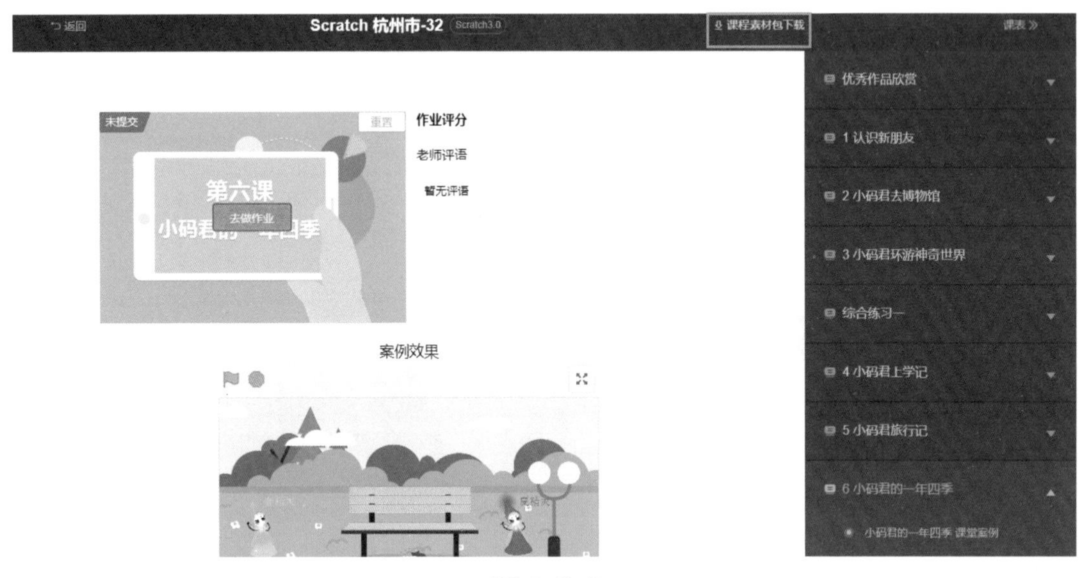

图 1-6-2

多个背景导入与单个背景上传方式相同。还可以单击积木区上方的“背景”标签，利用背景列表区下方的“选择一个背景”按钮弹出菜单栏，单击“上传背景”选项，如图 1 6 3 所示。

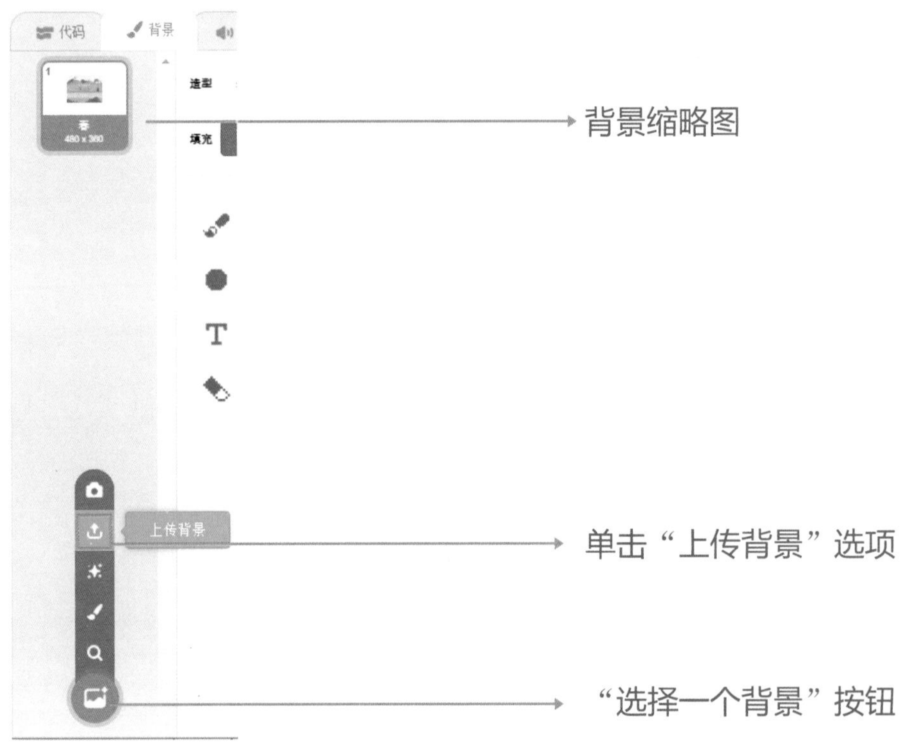

图 1-6-3

小技巧：

背景缩略图左上角的数字表示背景的序号，拖动背景缩略图可以变更背景在背景列表中的次序。

积木块	功能
	将当前舞台的背景换成指定名称的背景

试一试

在积木区的“外观”类别中找到“换成 春 背景”积木块，将参数值改成“夏”后单击该积木块，查看舞台中的效果。

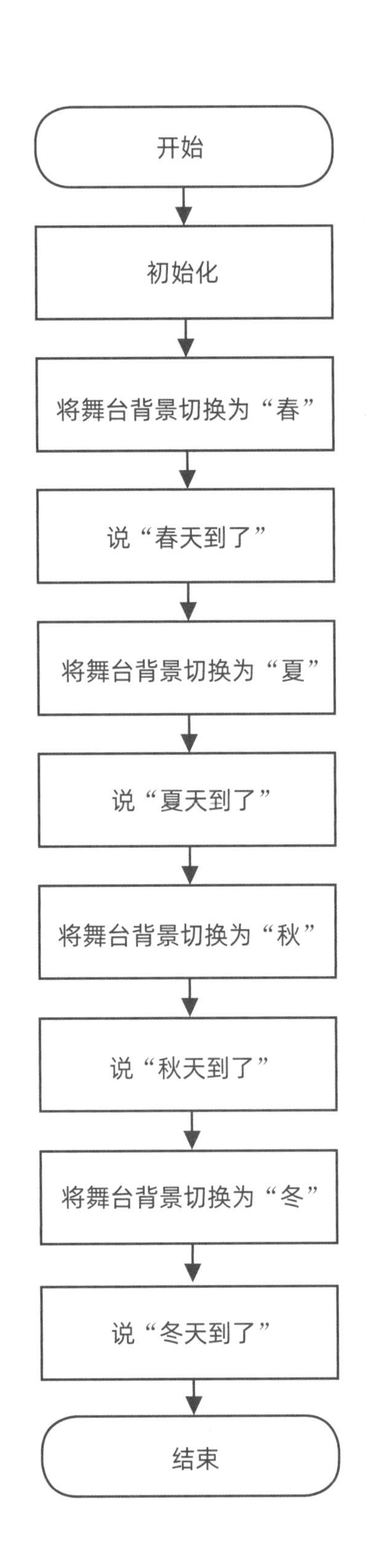

(1) 初始化小码君。

(2) 将舞台背景切换为“春”。

(3) 小码君说“春天到了”。

(4) 将舞台背景切换为“夏”。

(5) 小码君说“夏天到了”。

(6) 将舞台背景切换为“秋”。

(7) 小码君说“秋天到了”。

(8) 将舞台背景切换为“冬”。

(9) 小码君说“冬天到了”。

算法实现

流程图步骤	积木块	确定参数
开始	当 ⚑ 被点击	
将舞台背景切换为“春”	换成 春▾ 背景	春
说“春天到了”	说 你好! 2 秒	春天到了
将舞台背景切换为“夏”	换成 春▾ 背景	夏
说“夏天到了”	说 你好! 2 秒	夏天到了
将舞台背景切换为“秋”	换成 春▾ 背景	秋
说“秋天到了”	说 你好! 2 秒	秋天到了
将舞台背景切换为“冬”	换成 春▾ 背景	冬
说“冬天到了”	说 你好! 2 秒	冬天到了
结束		

进阶任务

设计程序：小码君移动到守护四季的精灵位置。比如小码君在春季时需要移动到“春精灵”的位置。

自我评价

完成课堂练习　　　　达标□

完成进阶任务　　　　达标□

综合练习二

独自完成“小码君过马路”案例

要求：

（1）导入相关素材。

（2）设定各角色的初始化。

（3）小码君在马路口等红绿灯的同时，朗诵交通规则。

（4）利用提供的背景实现红、黄、绿灯的切换，当绿灯亮，小码君穿过马路。

提示：

案例素材在“综合练习二”课程包。

进阶篇

L2-1
小码君去学农

任务需求

单击小码君，小码君跑向萝卜的位置，准备拔萝卜，如图 2-1-1 所示。

说明：萝卜会在舞台中随机位置出现。

图 2-1-1

算法梳理

在 Scratch 中，要想修改角色的中心位置，首先单击选中角色，再单击“造型”标签，可以看到造型列表区与造型编辑区，如图 2-1-2 所示。

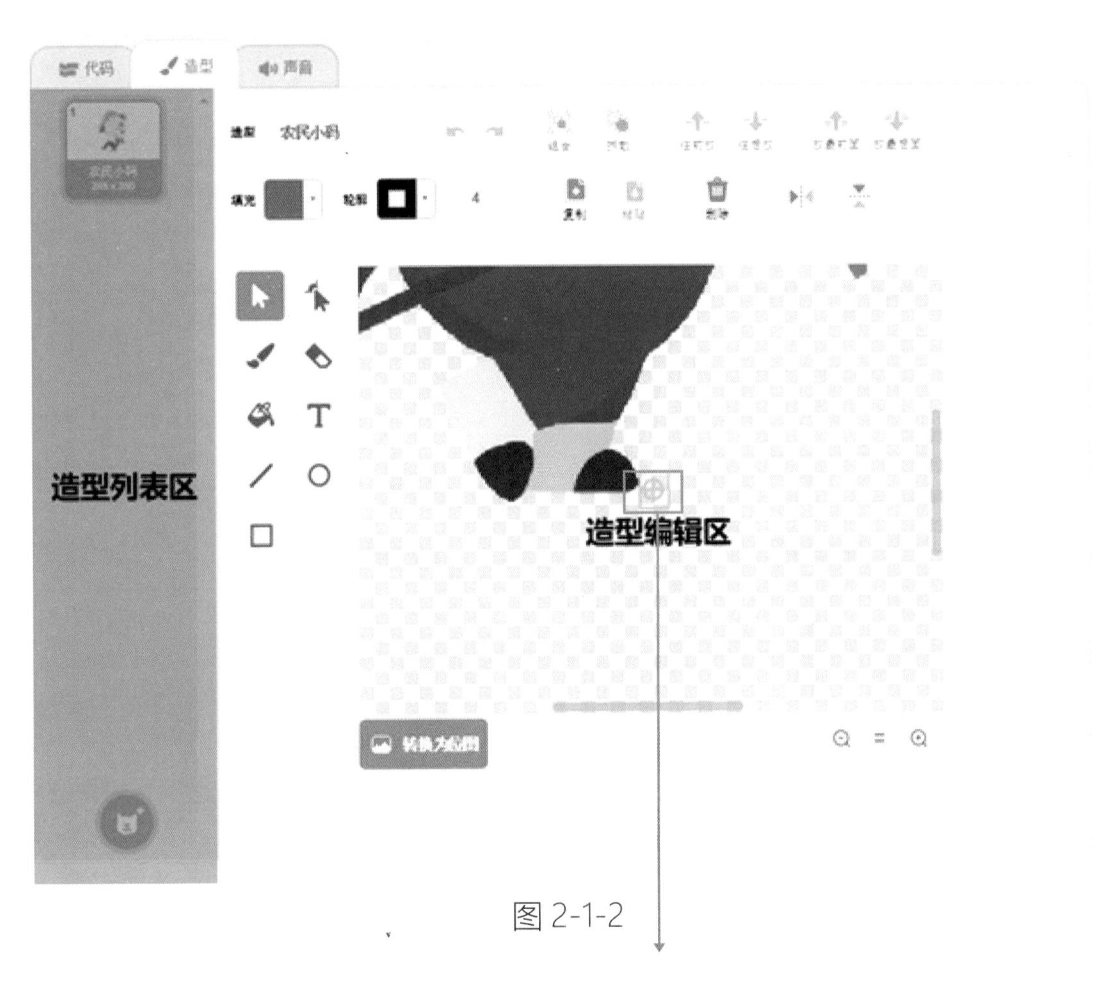

图 2-1-2

表示角色的中心点，可以在造型编辑区拖动角色修改

积木块	功能
当角色被点击	当角色被点击时执行积木块下方的脚本
移到 随机位置 ▾	将当前角色移到参数所指定的对象位置
在 1 秒内滑行到 随机位置 ▾	将当前角色在指定时间内滑行到参数所指定的对象位置

试一试

依次在积木区的“运动”类别中单击“移到 随机位置”积木块和“在 1 秒内滑行到 随机位置”积木块，观察舞台中角色的变化。再修改“在 1 秒内滑行到 随机位置”积木块中的参数为“萝卜”，随后单击该积木块，观察舞台中角色的变化。

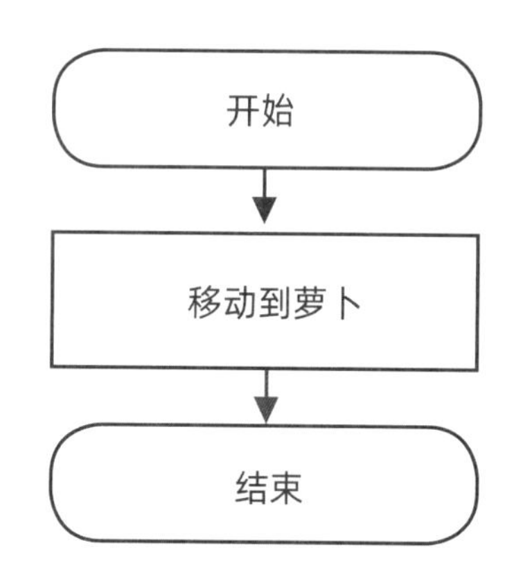

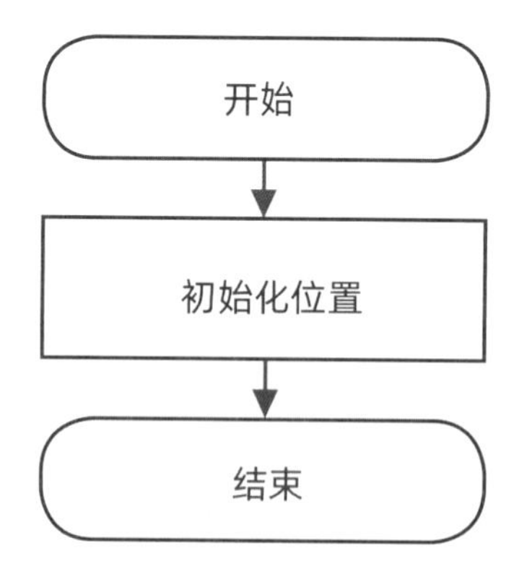

算法实现

流程图步骤（小码君）	积木块	确定参数
开始	当角色被点击	
移动到萝卜	在 1 秒内滑行到 随机位置	萝卜
结束		

流程图步骤（萝卜）	积木块	确定参数
开始	当 被点击	
初始化位置	移到 随机位置	随机位置
结束		

想一想：

单击小绿旗运行程序，小码君移动了吗？要想小码君移动到萝卜的位置应该怎么办？

课堂练习

设计程序：当小码君移到萝卜的位置上时，不遮挡住萝卜。

自我评价

完成课堂练习　　　　　达标□

完成进阶任务　　　　　达标□

L2-2
小码君爱运动

任务需求

运行程序，小码君从起点出发，使用键盘上的“光标右移键”来控制小码君向右奔跑，如图 2-2-1 所示。

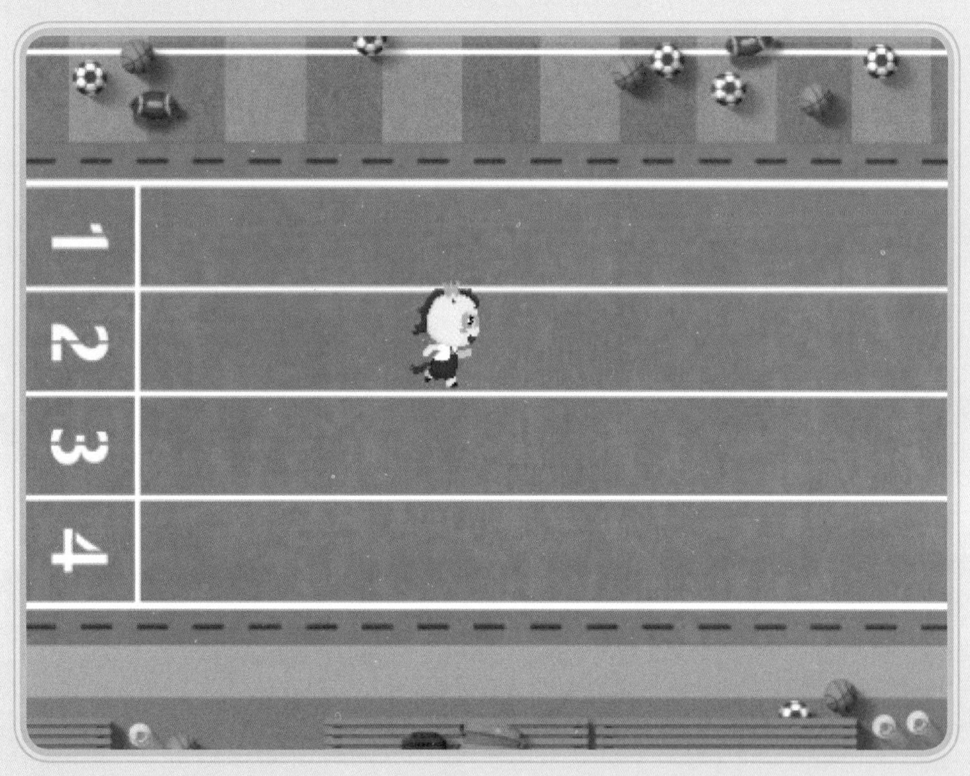

图 2-2-1

算法梳理

导入角色方式与导入背景相同，首先单击积木区上方的“造型”标签，再从造型列表区下方的“选择一个造型”按钮，单击菜单栏中的“上传造型”选项，如图 2-2-2 所示。

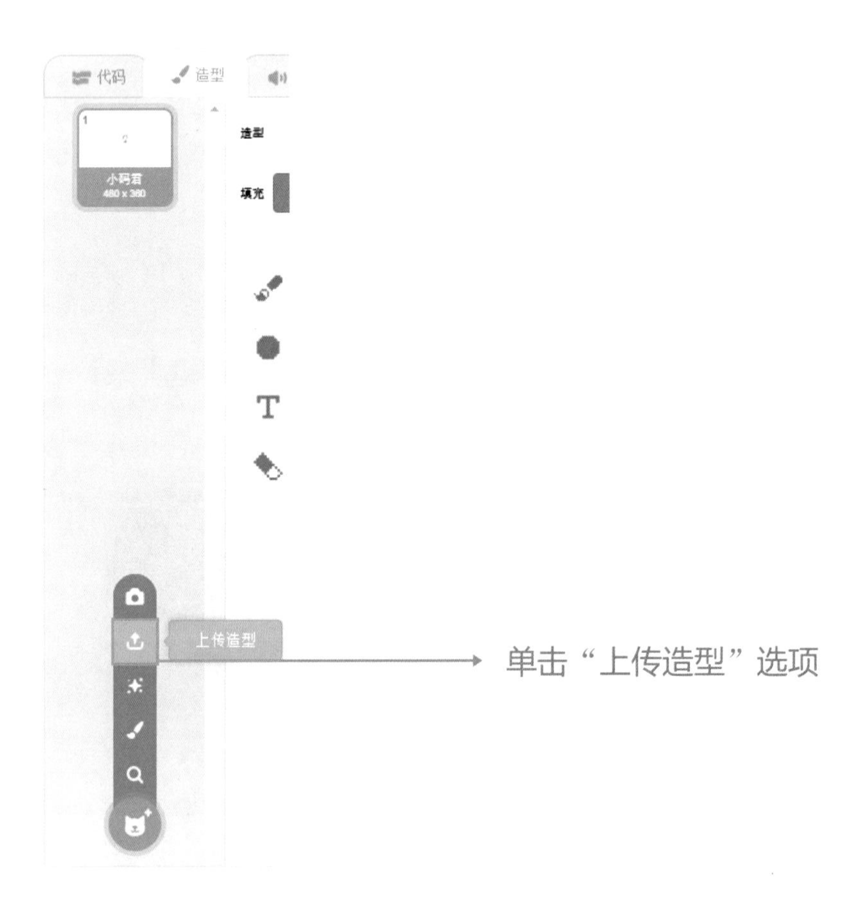

图 2-2-2

积木块	功能
当按下 空格 ▾ 键	当按下指定按键时执行积木块下方的脚本
	将当前角色的 x 坐标值在原来的基础上增加指定值
	设置当前角色的造型为下一个造型

试一试

单击“下一个造型”积木块，观察舞台中角色的变化。

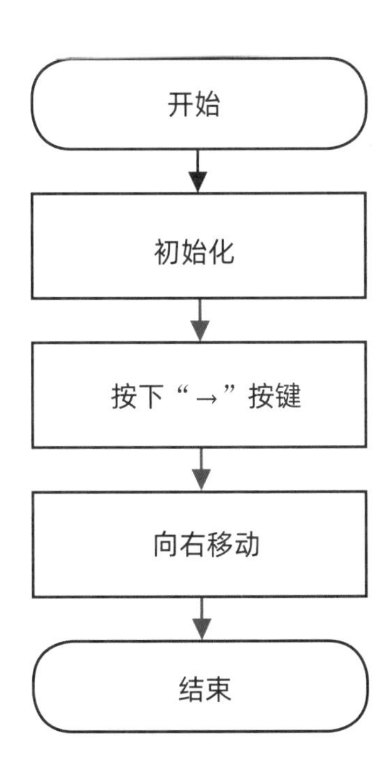

算法实现

流程图步骤	积木块	确定参数
开始	当 🏁 被点击	
初始化	移到 x: 0 y: 0	起点的坐标
按下“→”按键	当按下 空格 ▾ 键	→
向右移动	将x坐标增加 10	10
	想一想：如果想要小码君跑得快一些该怎么办？	
	下一个造型	
结束		

进阶任务

设计程序：使用“光标左移键”来控制小码君面向起点方向奔跑。

自我评价

完成课堂练习　　　　达标□

完成进阶任务　　　　达标□

L2-3
小码君模仿秀

任务需求

运行作品，小码君能模仿用户输入说话。例如用户输入“你好！”小码君也说“你好！”，如图 2-3-1 所示。

图 2-3-1

算法梳理

积木块	功能
询问 What's your name? 并等待	显示指定参数内容并等待用户输入
回答	获取用户通过上一个“询问……并等待”积木块输入的数据
说 你好!	使当前角色用单气泡图的方式显示文本

试一试

在积木区中选中“回答”积木块左侧的单项选择框“☑ 回答”，再在积木区单击“询问 What's your name? 并等待”积木块，在舞台上显示用户输入对话框。随后输入“你好”再按下键盘 Enter 键，观察舞台左上角“回答”，你发现了什么?

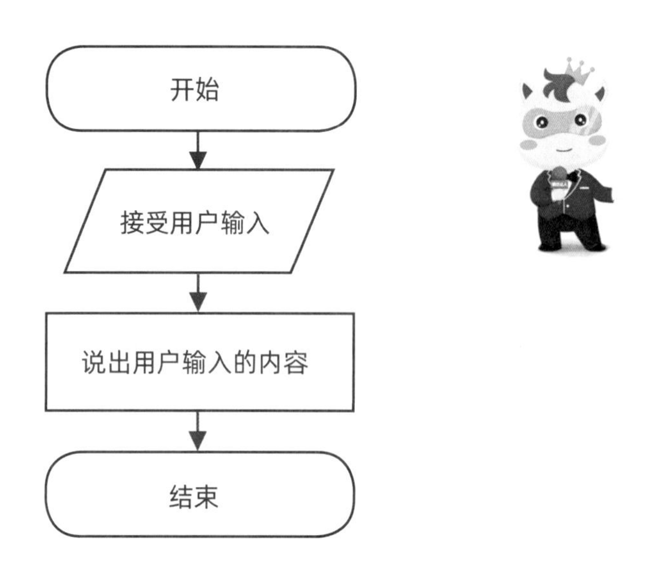

算法实现

流程图步骤	积木块	确定参数
开始	当 被点击	
接受用户输入	询问 What's your name? 并等待	我可以模仿你说话哦，快来试试吧！
说出用户输入的内容	说 你好！	回答
	想一想：“说 你好！”积木块与“说 你好！ 2 秒”积木块有什么区别？	
结束		

进阶任务

设计程序：请使用本课新学习的积木块，结合以前的知识制作程序，并把它介绍给同学。

自我评价

完成课堂练习　　达标□

完成进阶任务　　达标□

综合练习三

独自完成“地质时代”案例

要求：

（1）利用键盘可以控制小码君的移动。

（2）单击舞台可以切换背景。

（3）小码君根据背景的切换，向我们一一介绍各个时代的特点。

（4）单击小码君会发出提问。

提示：

案例素材在“综合练习三”课程包。

L2-4 小码君过元宵

任务需求

用户猜灯谜[谜面: 一边是红，一边是绿，一边喜风，一边喜雨。(打一季节)]，猜对时，灯笼说“恭喜你猜对了”，如图 2-4-1 所示。

图 2-4-1

算法梳理

积木块	功能
	如果条件成立，那么执行积木块中间的积木块；如果条件不成立，那么就不执行
	求布尔值。如果左参数等于右参数，那么返回值为“true”，也就是条件成立；否则返回值为“false”，也就是条件不成立

试一试

选择积木区“运算”类别中“ = 50 ”积木块，将表格内容填入该积木块的左、右参数位置，单击积木块查看结果（true或 false）。

左参数	右参数	结果
50	50	
好	Good	
你好	你好	

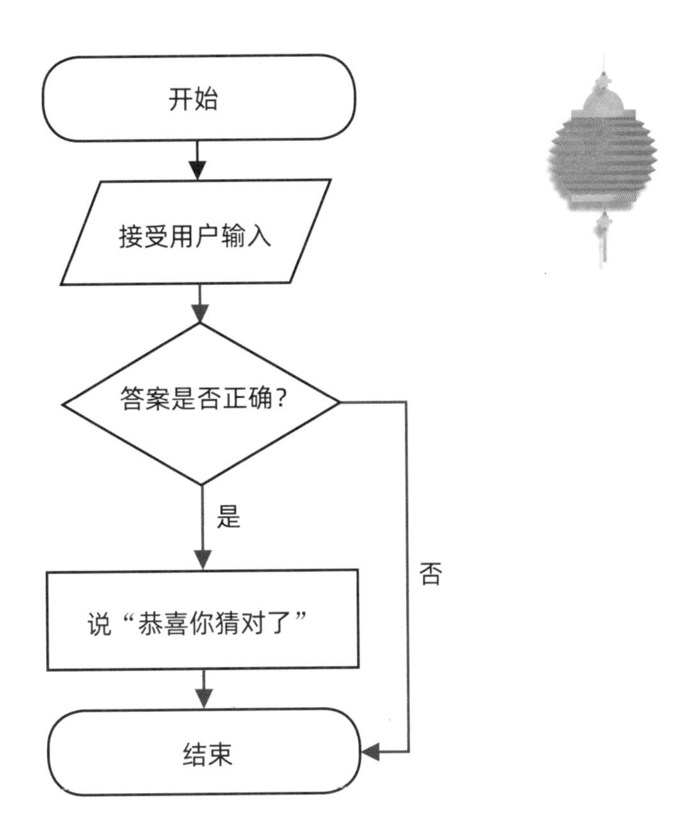
开始
接受用户输入
答案是否正确？
是
否
说“恭喜你猜对了”
结束

算法实现

流程图步骤	积木块	确定参数
开始	当 [绿旗] 被点击	
接受用户输入	询问 What's your name? 并等待	一边是红，一边是绿，一边喜风，一边喜雨。（打一季节）
答案是否正确？ 是→ 说“恭喜你猜对了” 否→ 结束	如果 回答 = 秋 那么 说 恭喜你猜对了 2 秒	

进阶任务

设计程序：当用户猜错了，灯笼说“猜错了”。

自我评价

完成课堂练习　　达标□

完成进阶任务　　达标□

L2-5
小码君寻宝记

任务需求

单击宝箱后输入密码，若密码正确则宝箱会被打开，反之则显示“密码错误”，如图 2-5-1 所示。

图 2-5-1

算法梳理

积木块	功能
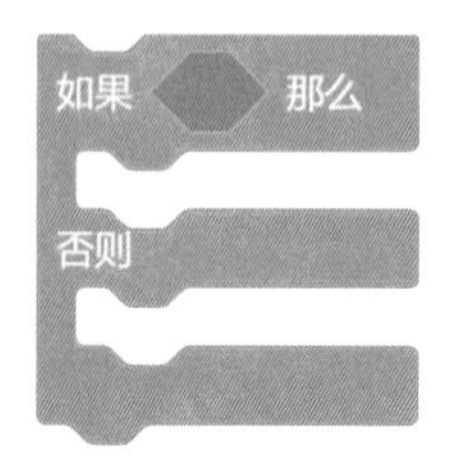	如果条件成立，那么执行该积木块中的第一个积木块；如果条件不成立，那么就执行该积木块中的第二个积木块
换成 打开 ▾ 造型	将当前角色的造型换成指定名称的造型

试一试

在积木区中找到“换成 打开 ▾ 造型”积木块，将参数依次修改为“打开”和“关闭”，单击积木块观察角色的变化。

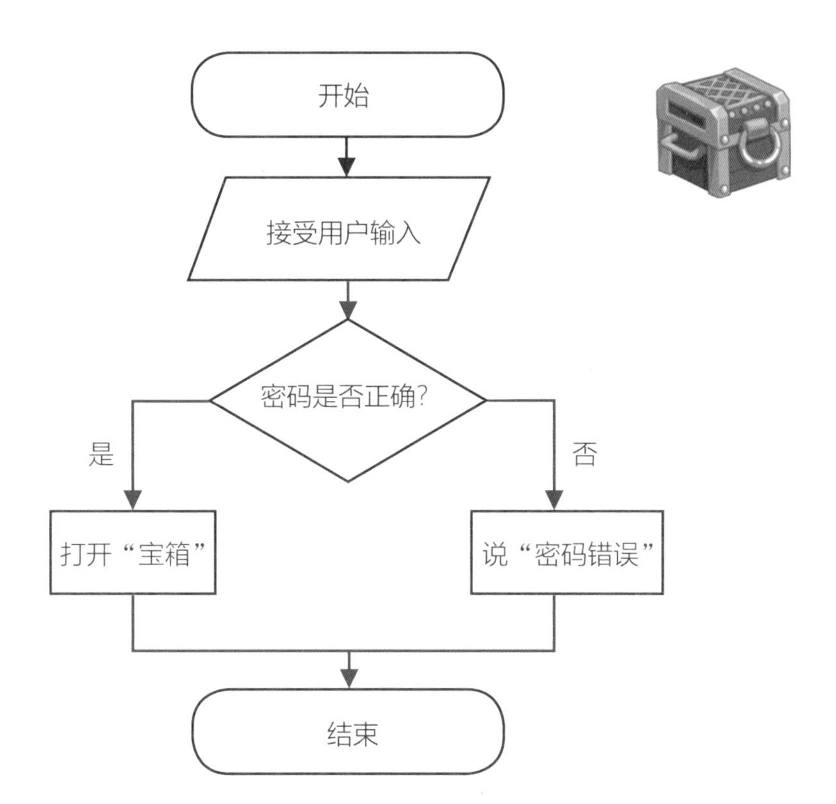
开始
接受用户输入
密码是否正确?
是
否
打开“宝箱”
说“密码错误”
结束

算法实现

流程图步骤	积木块	确定参数
单击宝箱	当角色被点击	
接受用户输入	询问 What's your name? 并等待	请输入宝箱密码
答案是否正确？ 是 → 打开宝箱 否 → 说“密码错误”	如果 回答 = 123 那么 换成 打开 造型 否则 说 密码错误 2 秒	
结束		

想一想：

打开宝箱后再次运行程序，宝箱仍处于打开状态，怎么才能解决这个问题？

进阶任务

设计程序：为宝箱加双层密码。（猜中第一道密码后还需要继续猜，猜中第二道密码后宝箱才会打开。）

自我评价

完成课堂练习　　达标□

完成进阶任务　　达标□

L2-6
小码牌计时器

任务需求

用户输入一个数值，随后计时器将会执行这个数值相对应的时间，如图 2-6-1 所示。

图 2-6-1

算法梳理

积木块	**功能**
	将中间的积木块重复执行指定的次数

试一试

根据钟表中的“秒针”转动频率，计算角度。

转动频率	角度
转一圈	
转一格	

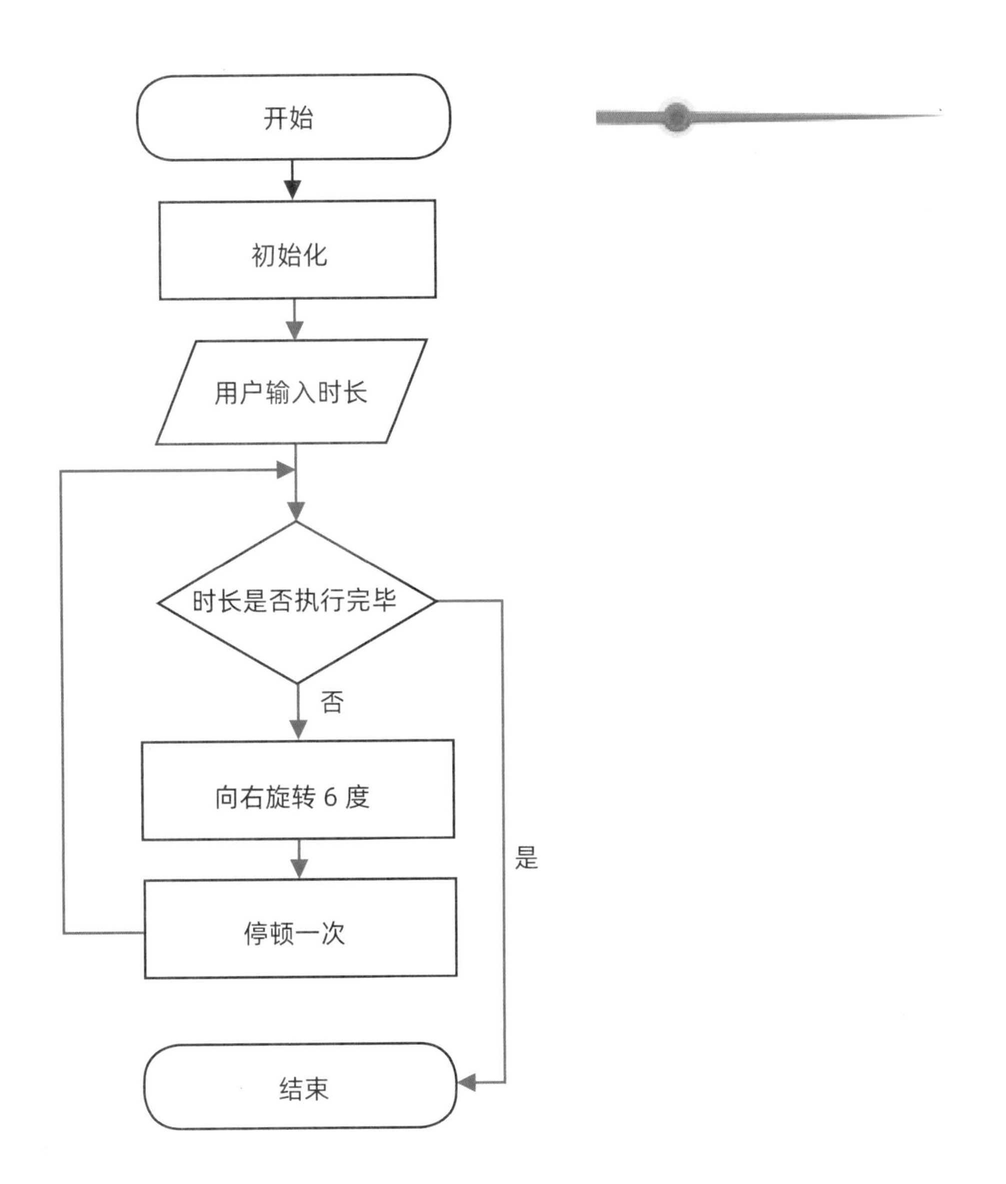
开始
初始化
用户输入时长
时长是否执行完毕
否
向右旋转 6 度
停顿一次
是
结束

算法实现

流程图步骤	积木块	确定参数
开始	当 [旗] 被点击	
初始化	面向 (90) 方向	0
	想一想：“秒针”的中心点应该设定在哪里?	
用户输入时长	询问 (What's your name?) 并等待	请输入计时器时长
时长是否执行完毕? 否 ↓ 向右旋转 6 度 ↓ 停顿一次 是 → 结束	重复执行 (回答) 次 右转 ↻ (6) 度 等待 (1) 秒	

课堂练习

设计程序：为计时器增加倒计时功能。

自我评价

完成课堂练习　　　达标□

完成进阶任务　　　达标□

综合练习四

独自完成“走棋”案例

要求：

（1）这是一个双人互动小作品。

（2）通过 A 同学的回答，小码君会行走相对应的步数，接着询问 B 同学移动步数。

（3）小码君每次只能走 1 步或者 2 步。

提示：

案例素材在“综合练习四”课程包。

提高篇

L3-1 小码君的巡线机器人

任务需求

用户首先需要搭建从起点到电影院的道路，随后机器人沿所搭建的道路到达电影院，如图 3-1-1 所示。

图 3-1-1

算法梳理

积木块	功能
将拖动模式设为 可拖动 ▾	设定角色在全屏模式下是否可拖动
碰到颜色 ( ) ?	检测当前角色有没有碰到指定颜色
 重复执行	一直重复执行指令中间的指令块

试一试

单击积区中的“将拖动模式设为 可拖动 ▾”积木块，随后单击舞台右上方的“ ”按钮，开启全屏模式，拖动舞台中的角色。

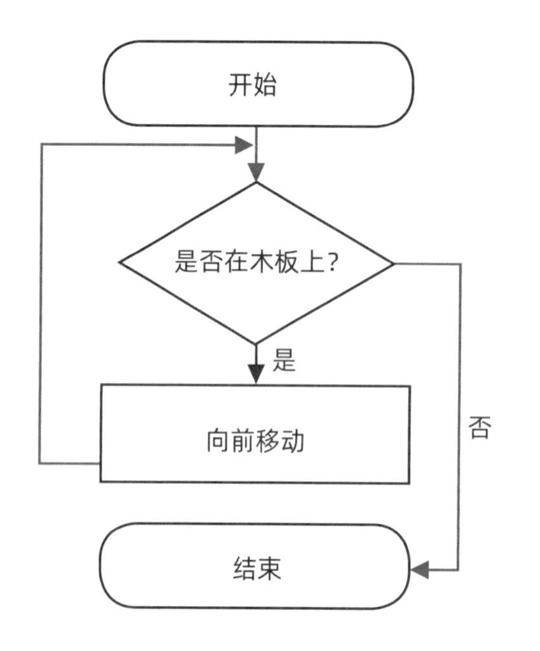

算法实现

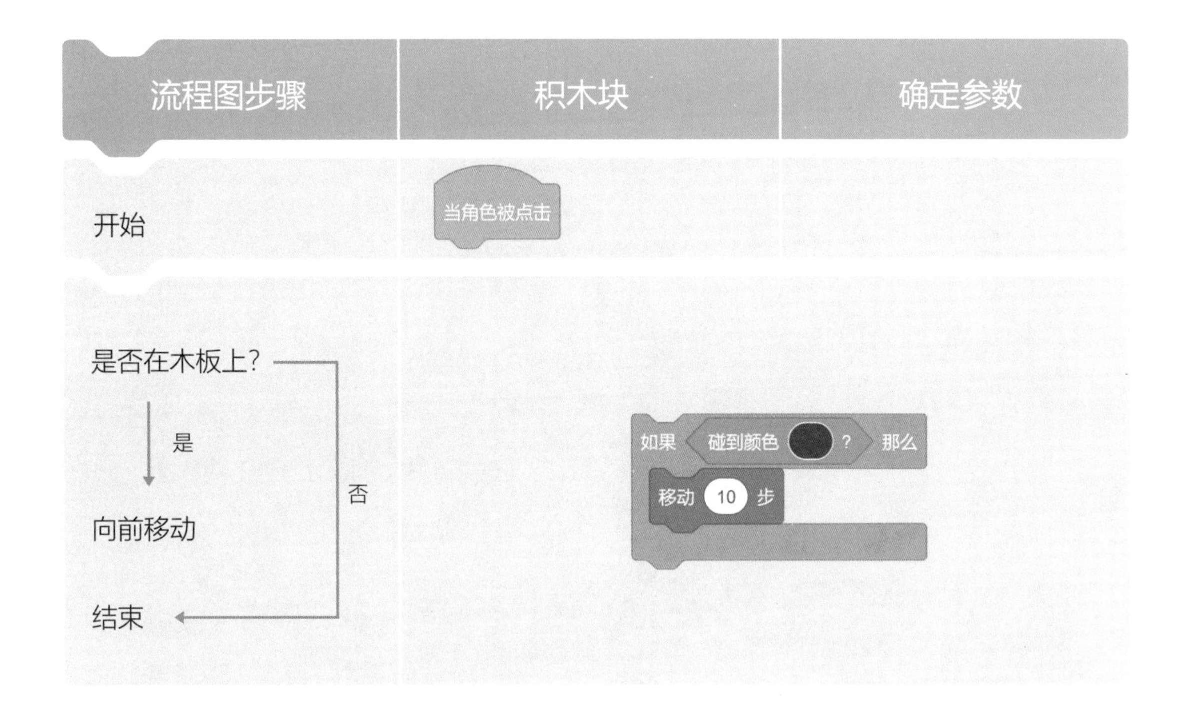

流程图步骤	积木块	确定参数
开始	当角色被点击	
是否在木板上？（是→向前移动；否→结束） 向前移动 结束	如果 碰到颜色 ？ 那么 移动 10 步	

进阶任务

设计程序：为机器人添加从电影院通往书店的路径。

自我评价

完成课堂练习　　　　达标□

完成进阶任务　　　　达标□

L3-2 小码君打保龄球

任务需求

单击保龄球，使其向球瓶方向移动，碰到球瓶则停止前进，如图 3-2-1 所示。

图 3-2-1

算法梳理

积木块	功能
	检测当前角色有没有碰到指定对象
	当指定的条件不成立时，重复执行指令中间的指令块；条件成立以后结束重复。

试一试

将舞台中的保龄球和球瓶分开放置，单击“碰到 鼠标指针 ?”积木块查看运行结果；将保龄球和球瓶重合放置，再单击该积木块查看运行结果。

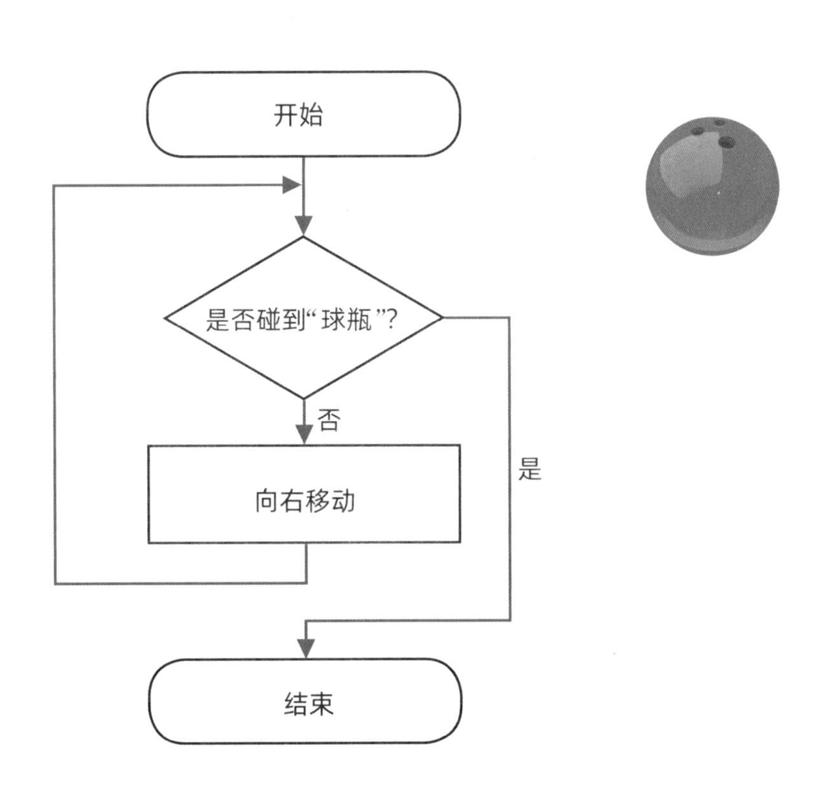

算法实现

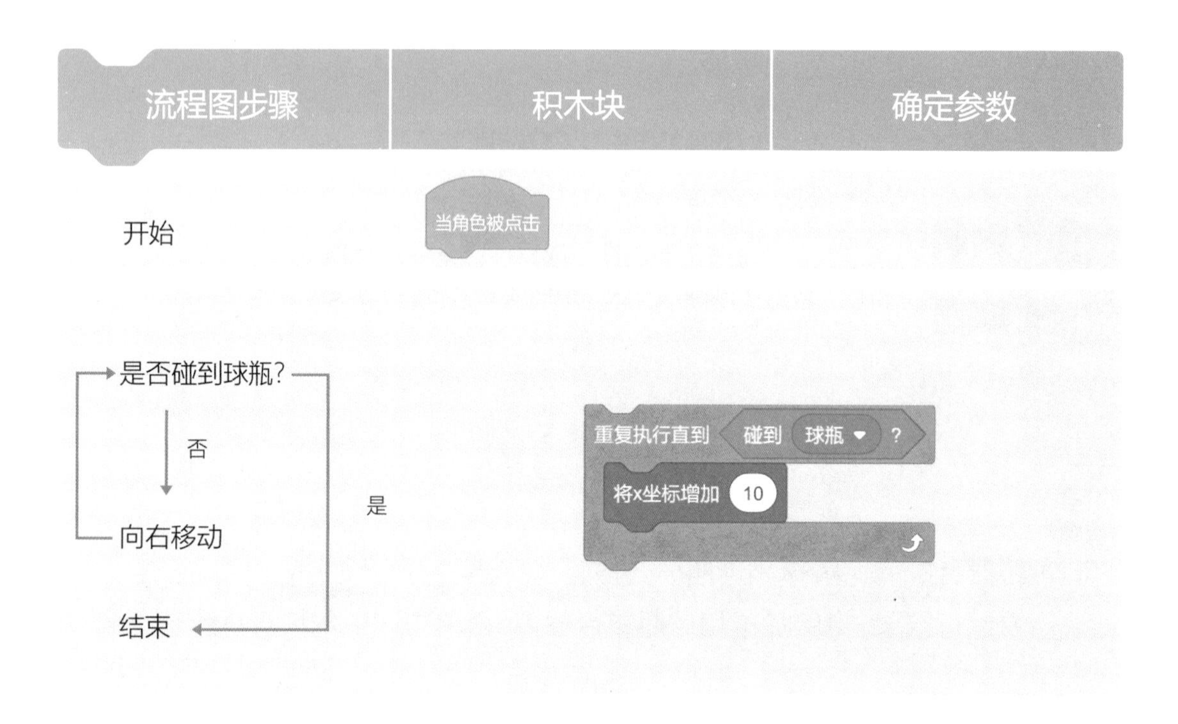

进阶任务

设计程序：球瓶碰到保龄球后倒地。

自我评价

完成课堂练习　　　　　达标□

完成进阶任务　　　　　达标□

L3-3
小码君大抽奖

任务需求

启动程序，舞台中的抽奖转盘开始沿顺时针方向转动随机角度，如图 3-3-1 所示。

图 3-3-1

算法梳理

积木块	功能
	在两个参数之间随机产生一个数

试一试

在积木区的“运算”类别中找到“ 在 1 和 10 之间取随机数 ”积木块，单击该积木块三次并将每一次的结果填入表格中。

序号	第一次	第二次	第三次
结果			

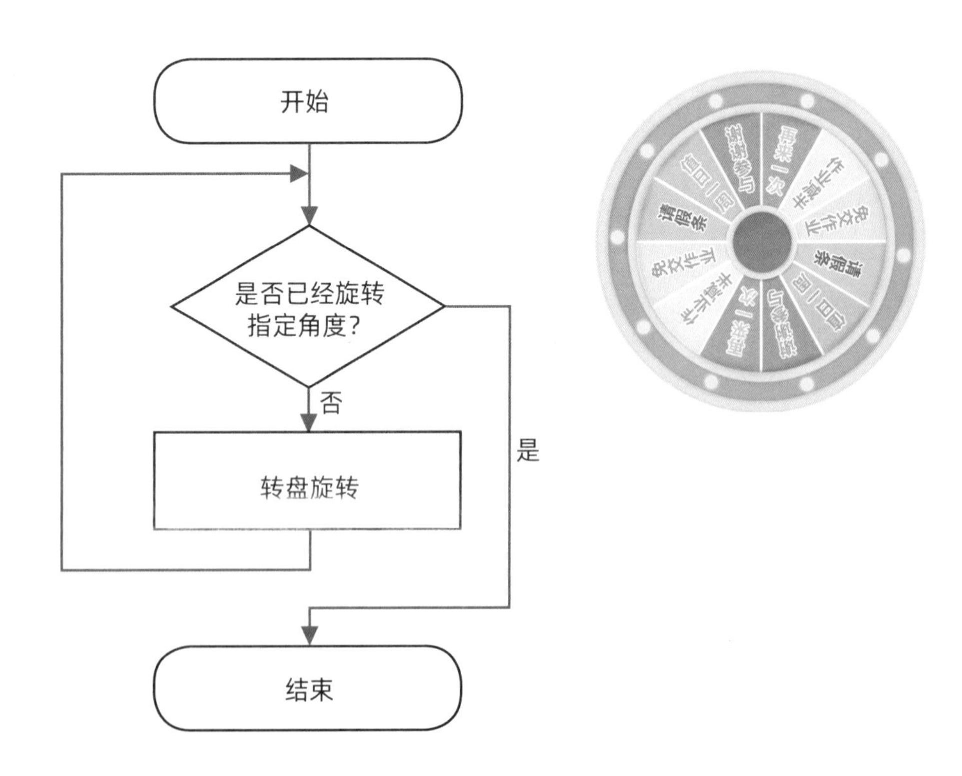

算法实现

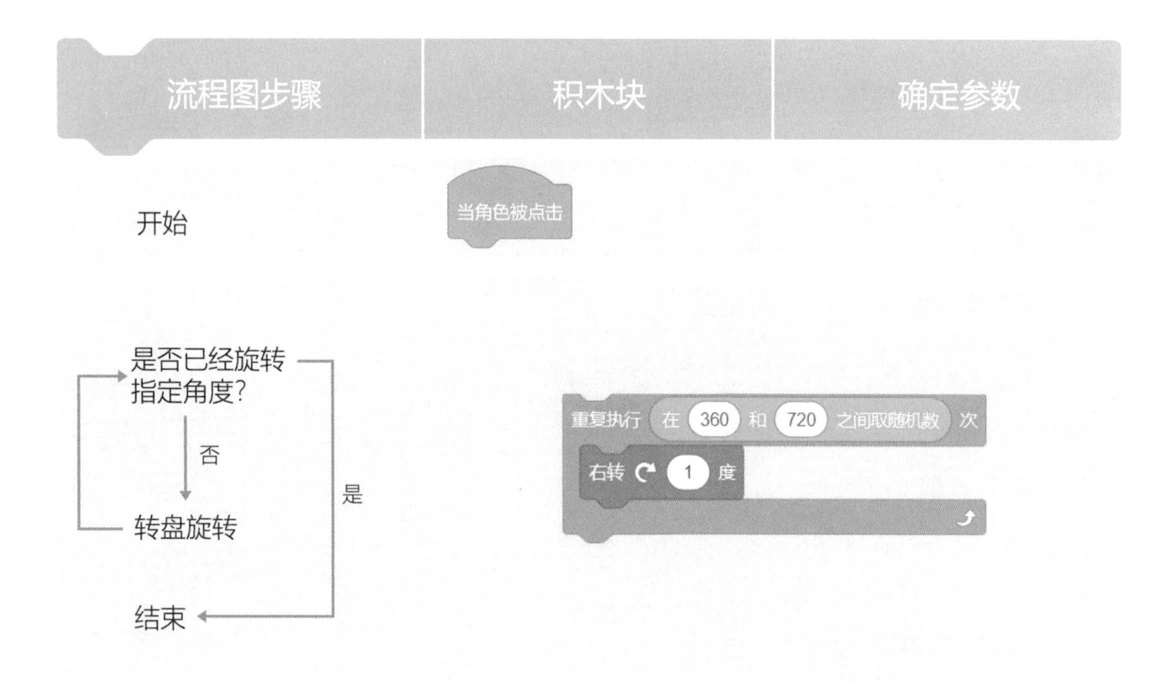

想一想：

如何加快转盘转速？修改旋转角度后完成表格。

旋转角度 / 度	转一圈 / 次	转两圈 / 次
5		
10		
15		

进阶任务

设计程序：启动程序之后，可自动进行多次抽奖。

自我评价

完成课堂练习　　　　　达标□
完成进阶任务　　　　　达标□

综合练习五

独自完成“猫抓老鼠”案例

要求：

(1) 老鼠跟随鼠标移动。

(2) 猫面向老鼠的方向移动。

(3) 猫抓到老鼠，会说出“哈哈，我抓到你啦”。

提示：

案例素材在“综合练习五”课程包。

L3-4 小码君爱学习

任务需求

运行程序，小码君会说出现当天的课表，如图 3-4-1 所示。

图 3-4-1

算法梳理

积木块	功能
	获取指定列表的指定位置的数据
	将指定位置的数据都删除
当前时间的 年	获取当前指定的时间属性值，具体可以获取当前的年、月、日、星期、时、分、秒这些数值

试一试

下表为积木区“侦测”类别中的“当前时间的 星期”积木块的返回值。

星期一	星期二	星期三	星期四	星期五	星期六	星期日
2	3	4	5	6	7	1

单击“当前时间的 星期”积木块并查看结果。

今天我们要学习新的数据结构——列表。单击积木区 “变量” 类别中 “ 建立一个列表 ” 按钮，弹出如图 3-4-2 所示窗口，在 “新的列表名” 中输入 “课程表”，最后单击 “确定”，观察舞台中的变化。

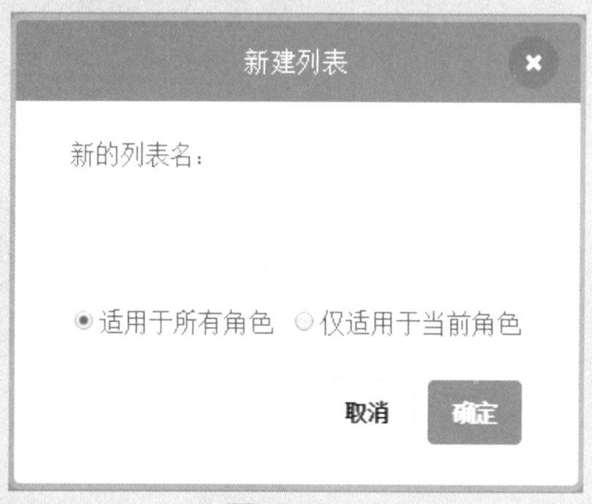

图 3-4-2

添加列表项：单击舞台中列表框左下角 “ + ” 按钮，添加列表项。在 “课程表” 列表中添加一周的课程，如图 3-4-3 所示。

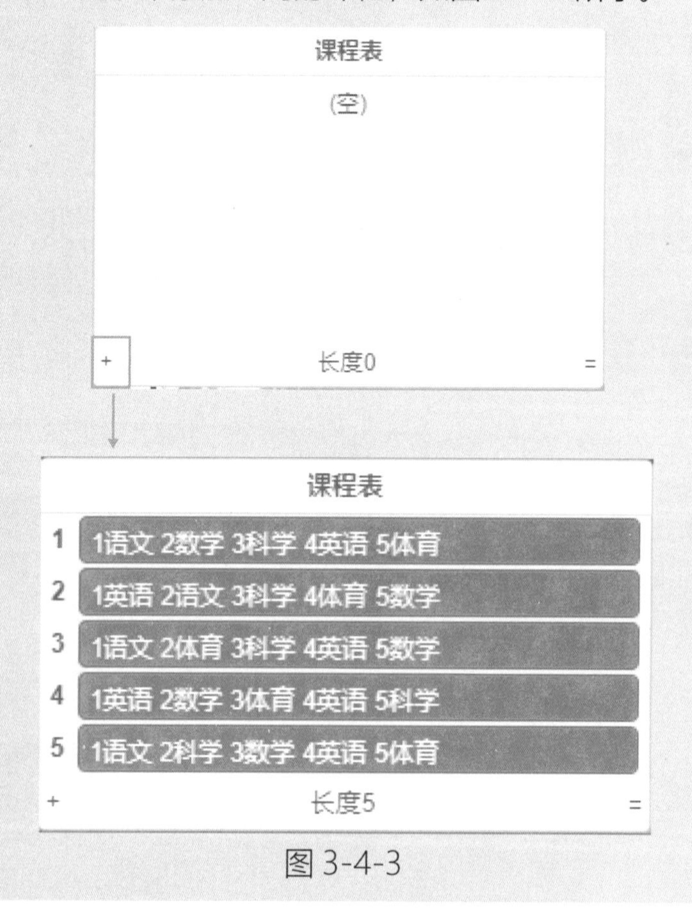

图 3-4-3

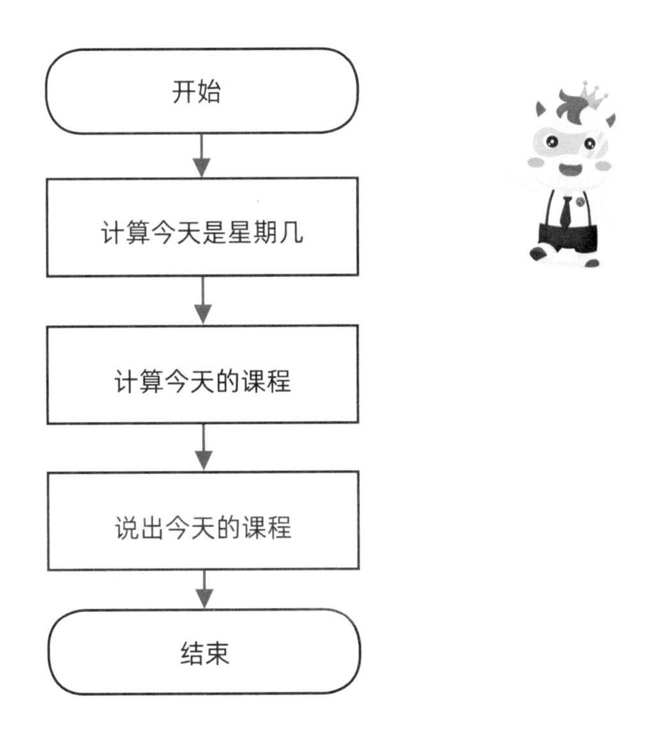

算法实现

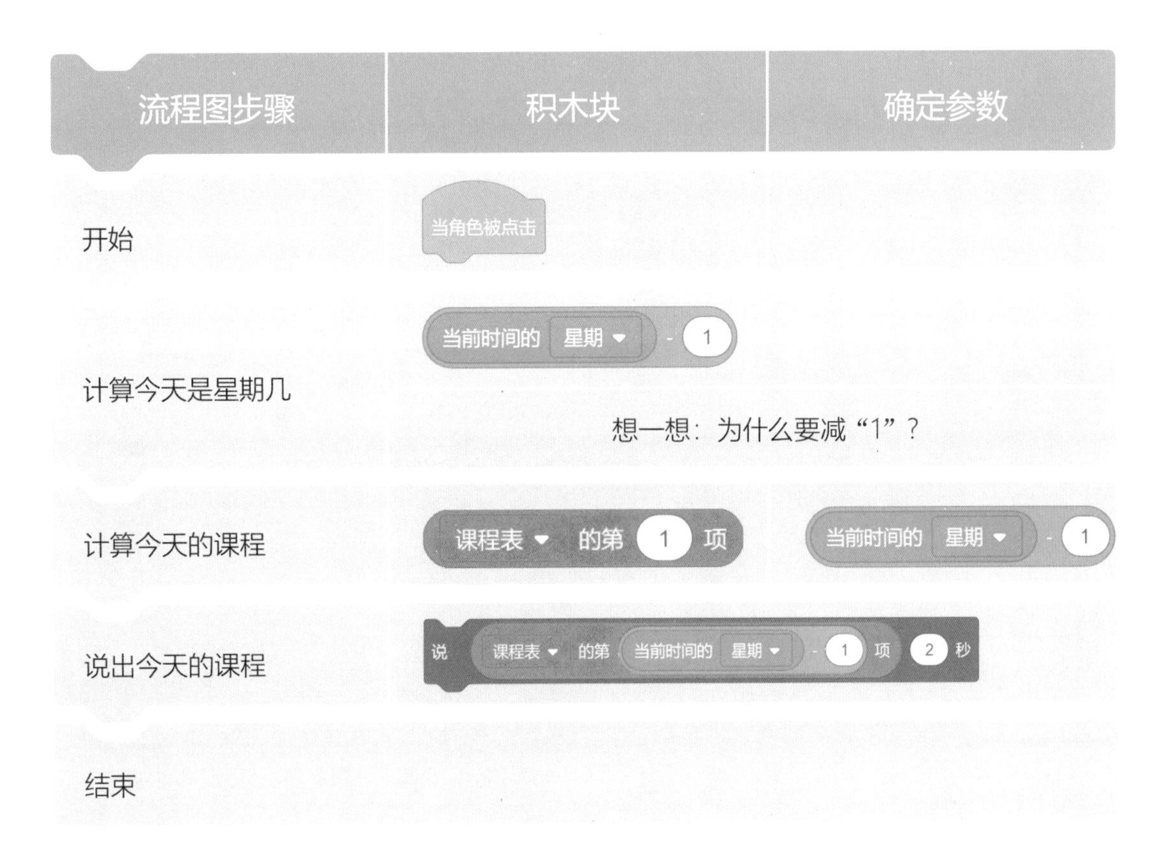

流程图步骤	积木块	确定参数
开始	当角色被点击	
计算今天是星期几	当前时间的 星期 - 1 想一想：为什么要减“1”？	
计算今天的课程	课程表 的第 1 项	当前时间的 星期 - 1
说出今天的课程	说 课程表 的第 当前时间的 星期 - 1 项 2 秒	
结束		

想一想：

多次运行程序后你发现了什么？怎么实现在“课程表”列表中只显示当天课程？

进阶任务

设计程序：用户输入一个数字，显示出当天序号为该数字的课。
（提示：可以使用“(apple) 的第 (1) 个字符”积木块。）

自我评价

完成课堂练习　　　　达标□
完成进阶任务　　　　达标□

L3-5 小码君爱思考

任务需求

用户将皇冠摆放到任意格子中，然后通过列表来操纵小码君使他碰到皇冠，如图 3-5-1 所示。

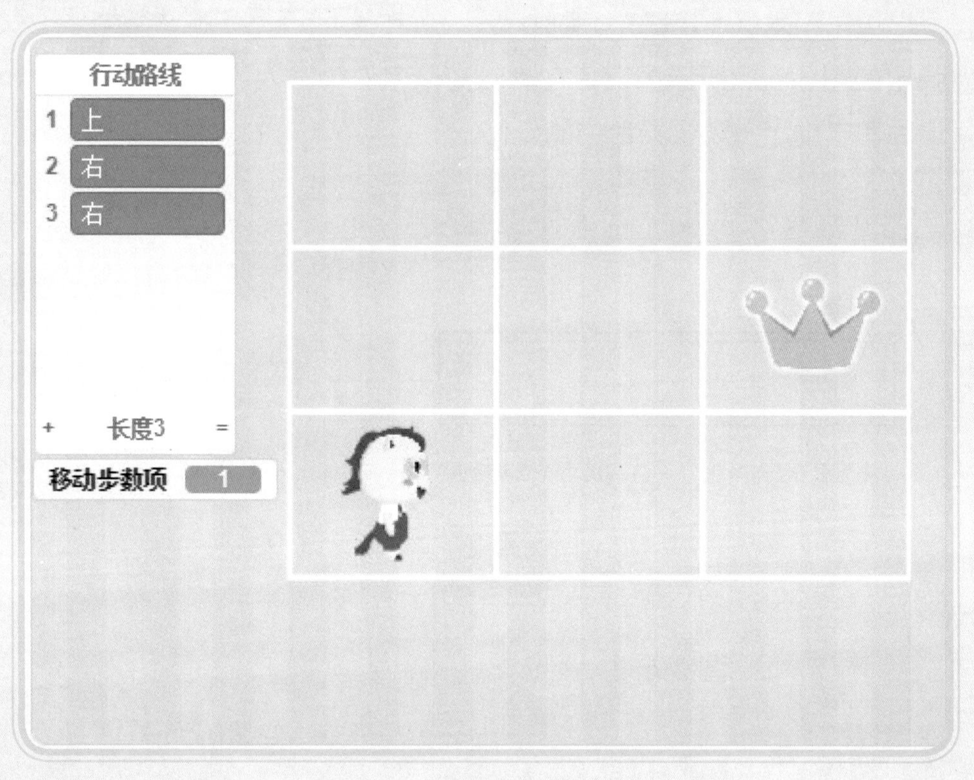

图 3-5-1

算法梳理

积木块	功能
将 当前项 ▾ 设为 0	将变量的值直接设为指定数据
当前项	获取相应变量的值
将 当前项 ▾ 增加 1	将变量的值在原数基础上增加指定值

试一试

单击积木区“变量”类别中“建立一个变量”按钮，弹出如图 3-5-2 所示窗口，在“新变量名”中输入“当前项”，最后单击确定，观察舞台中的变化。

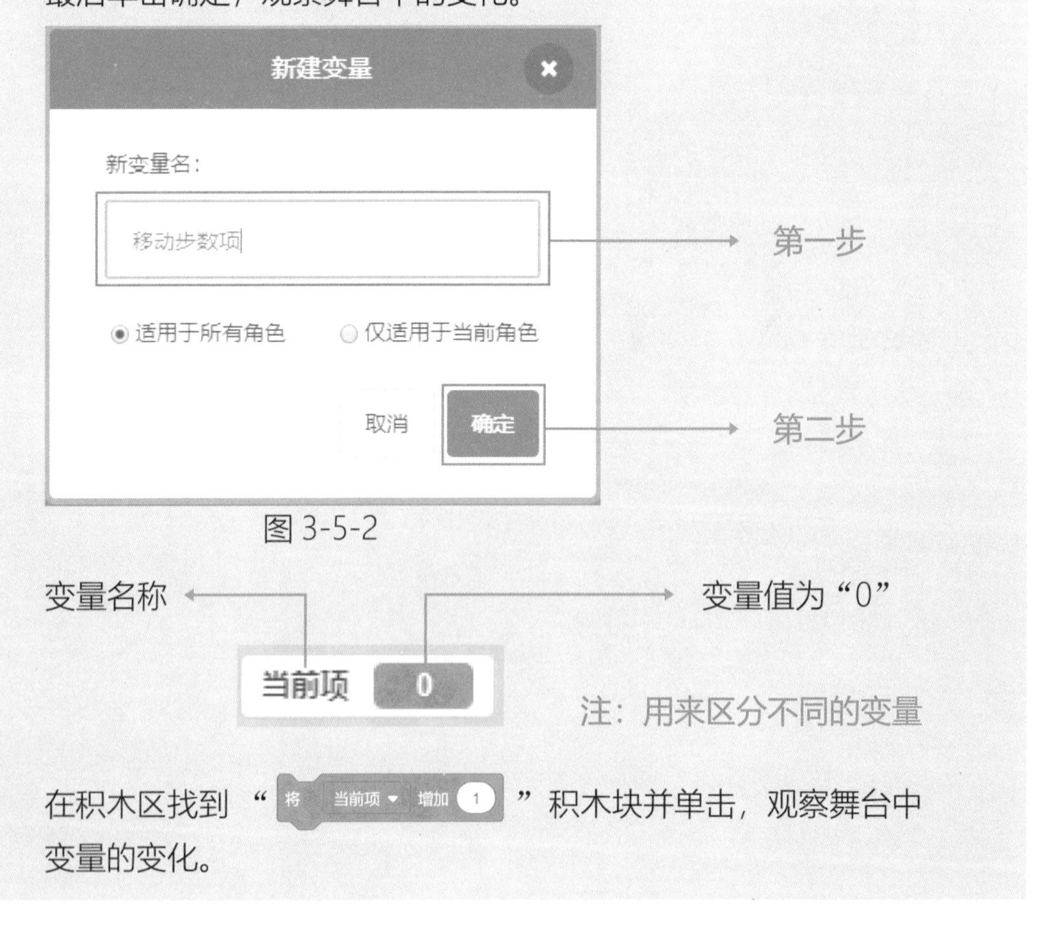

图 3-5-2

在积木区找到“将 当前项 ▾ 增加 1”积木块并单击，观察舞台中变量的变化。

算法实现

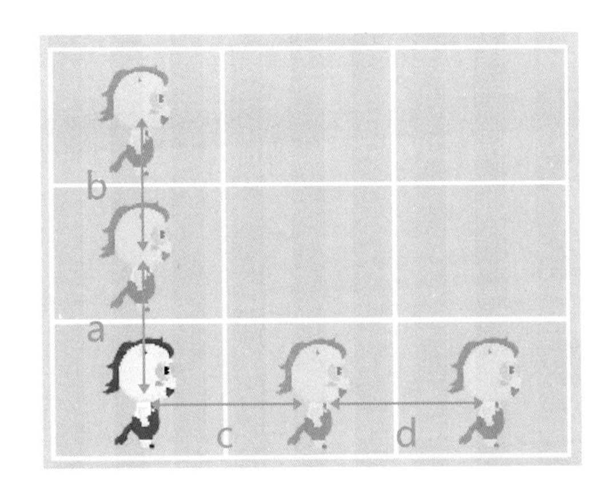

上：a=b=85

右：c=d=110

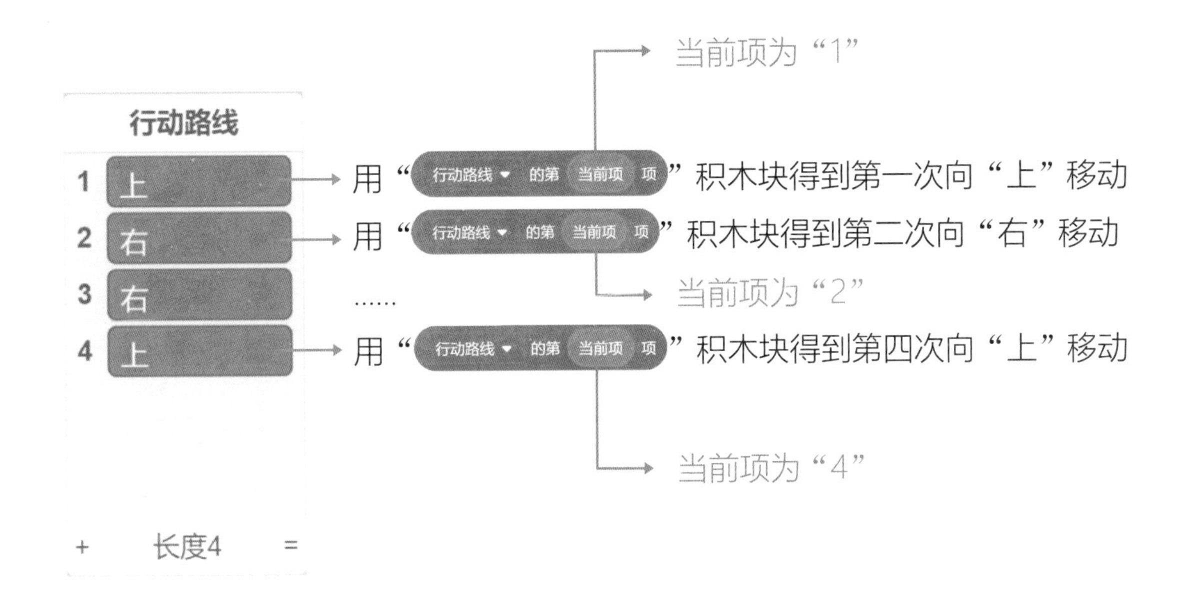

想一想：

怎样才能自动读取到下一项内容？

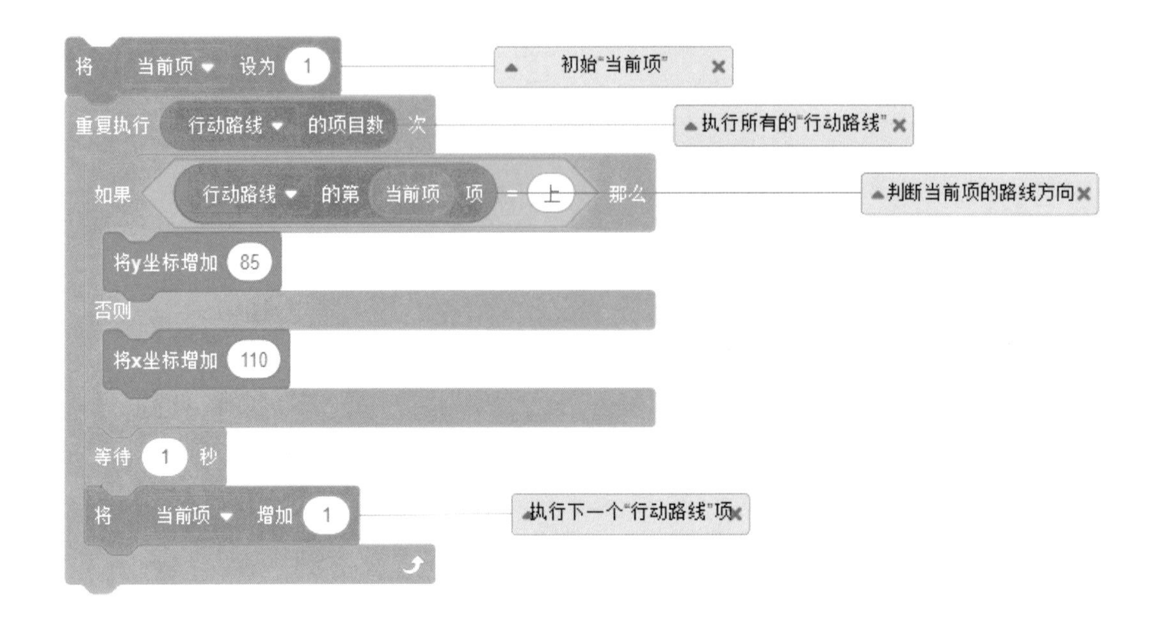

进阶任务

设计程序：

(1) 为小码君添加“下”和“左”的控制。

(2) 使用程序设置皇冠的位置（随机）。

1 (-50,115)	2 (60,115)	3 (170,115)
4 (-50,35)	5 (60,35)	6 (170,35)

→ ① 将坐标存在列表内

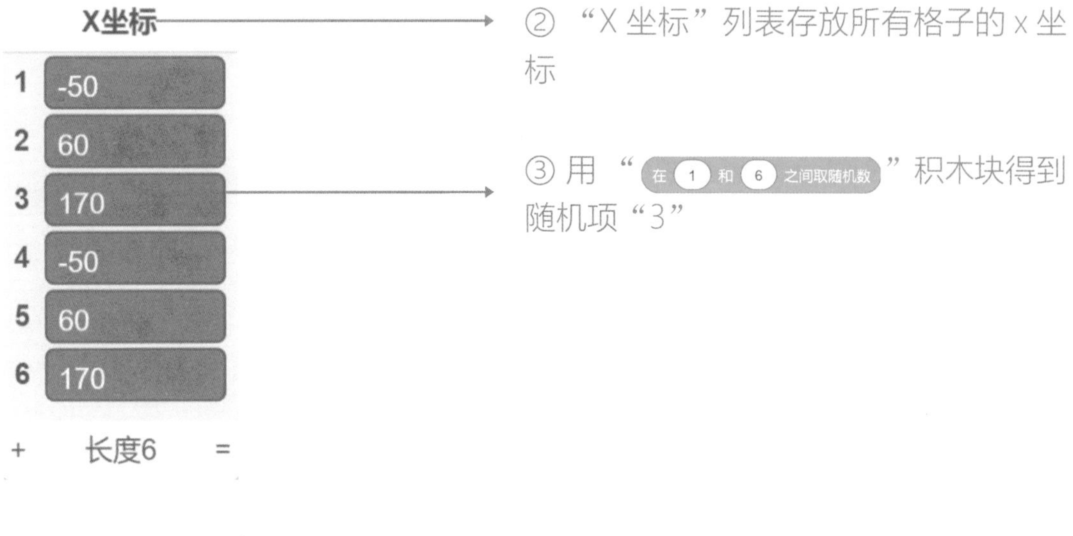

② “X 坐标”列表存放所有格子的 x 坐标

③ 用“在 1 和 6 之间取随机数”积木块得到随机项“3”

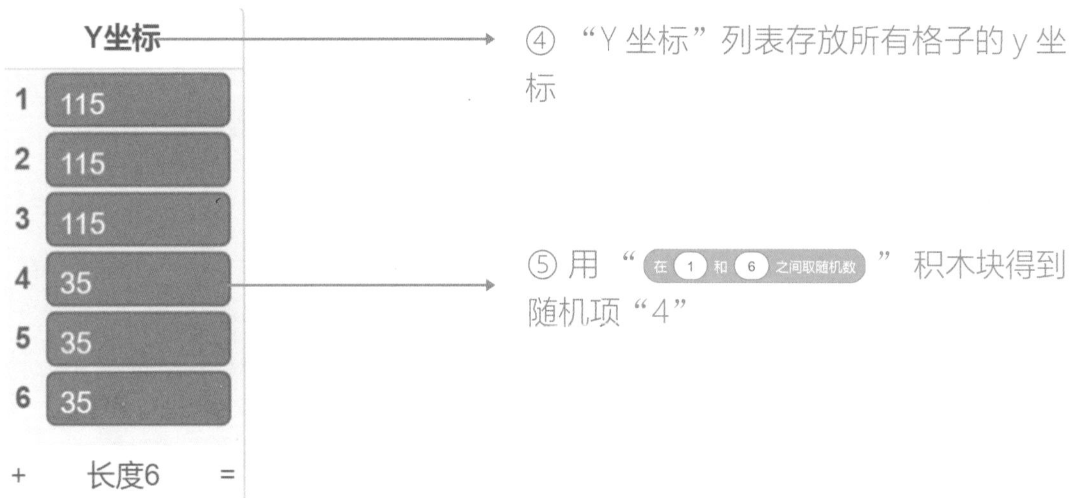

④ “Y 坐标”列表存放所有格子的 y 坐标

⑤ 用“在 1 和 6 之间取随机数”积木块得到随机项“4”

⑥ “X 坐标”列表第三项为“170”
y 坐标列表第四项为“35”

⑦ 皇冠坐标：移到 x: 170 y: 35

自我评价

完成课堂练习　　达标□

完成进阶任务　　达标□

L3-6
小码机器人

任务需求

使用舞台上的“向右”按钮来让小码机器人向右移动，如图 3-6-1 所示。

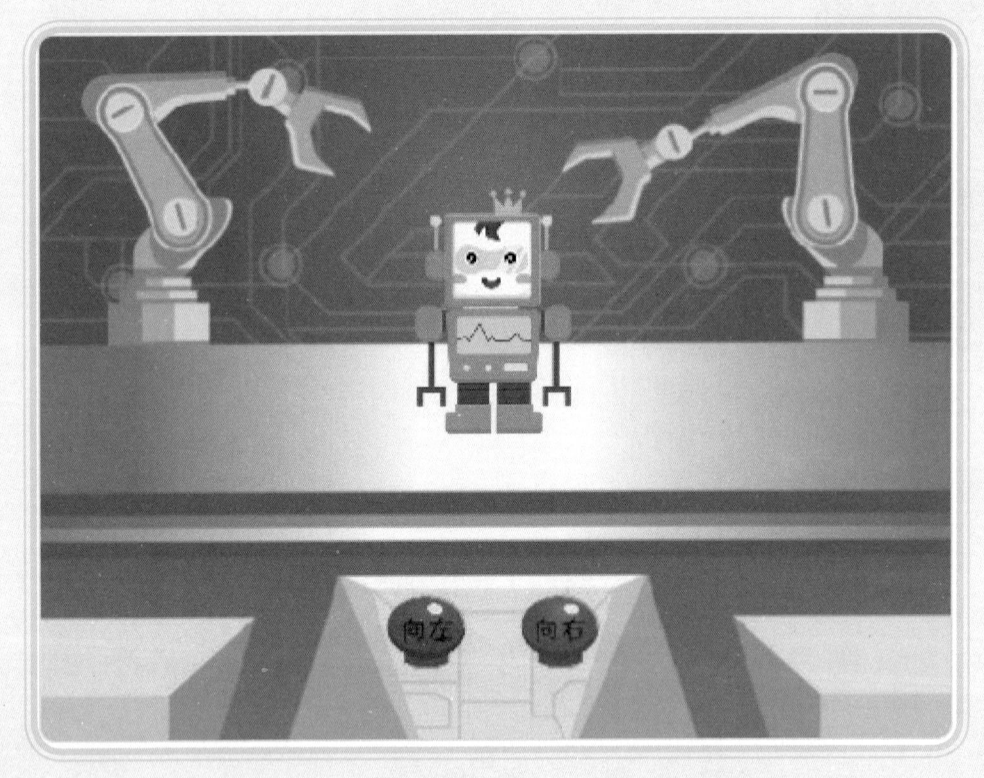

图 3-6-1

算法梳理

积木块	功能
广播 消息1	广播指定的消息
当接收到 消息1	当接收到指定消息时执行指令下方脚本

收到消息

收到消息：好的

事实上，当一条消息被广播后，舞台上的所有角色都能收到它。如果需要处理这个消息，就要使用“当接收到 消息1”积木块。

试一试

在积木区的“事件”类别中找到“广播 消息1”积木块，单击选择其下拉列表中的“新消息”选项，在打开的如图 3-6-2 所示的“新消息”窗口中输入新消息的名称，最后单击“确定”按钮。

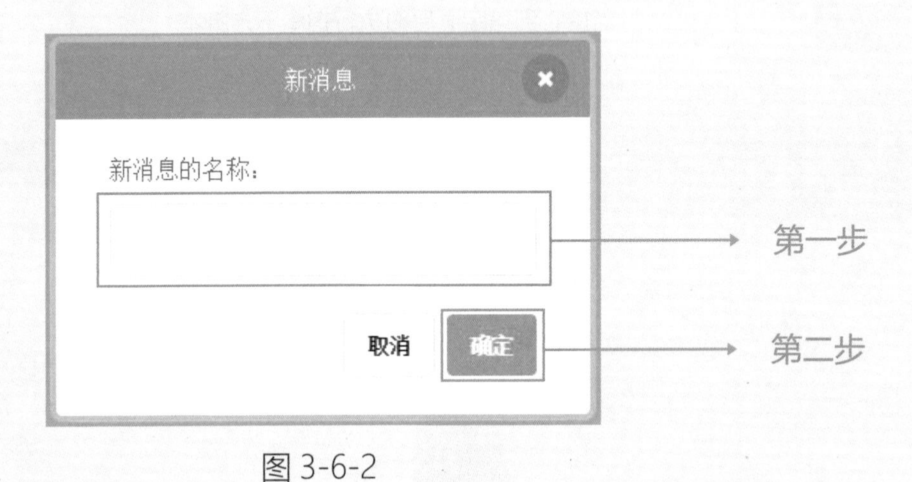

图 3-6-2

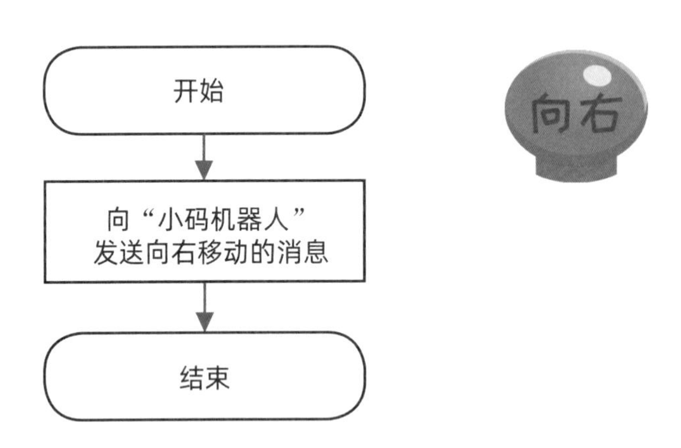

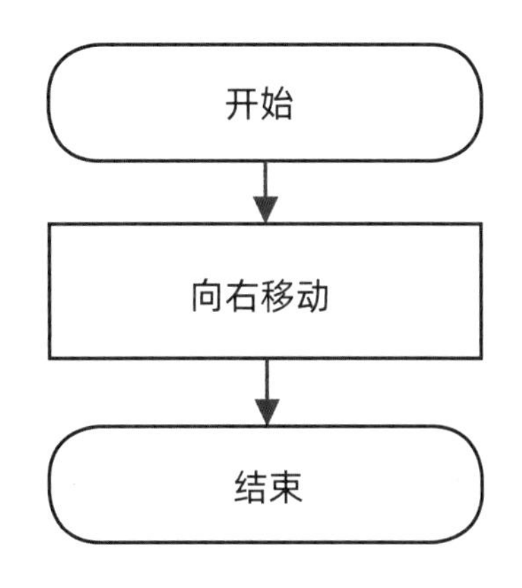

算法实现

流程图步骤	积木块	确定参数
开始	当角色被点击	
向“小码机器人”发送向右移动的消息	广播 消息1	向右移动
结束		

流程图步骤	积木块	确定参数
开始	当接收到 消息1	向右移动
向右移动	将x坐标增加 10	10
结束		

进阶任务

设计程序：为小码机器人添加一个向左移动的控制按钮。

自我评价

完成课堂练习　　　　　达标□
完成进阶任务　　　　　达标□

综合练习六

独自完成“答题训练”案例

要求：

（1）随机询问 100 以内的加法。

（2）将答题记录（答对几题，答错几题）保存下来。

（3）通过列表将出错的题目记录下来。

（4）尝试制作减法。

提示：

案例素材在“综合练习六”课程包。

精通篇

L4-1 小码君爱画画（一）

任务需求

使用鼠标在舞台上绘画，如图 4-1-1 所示。

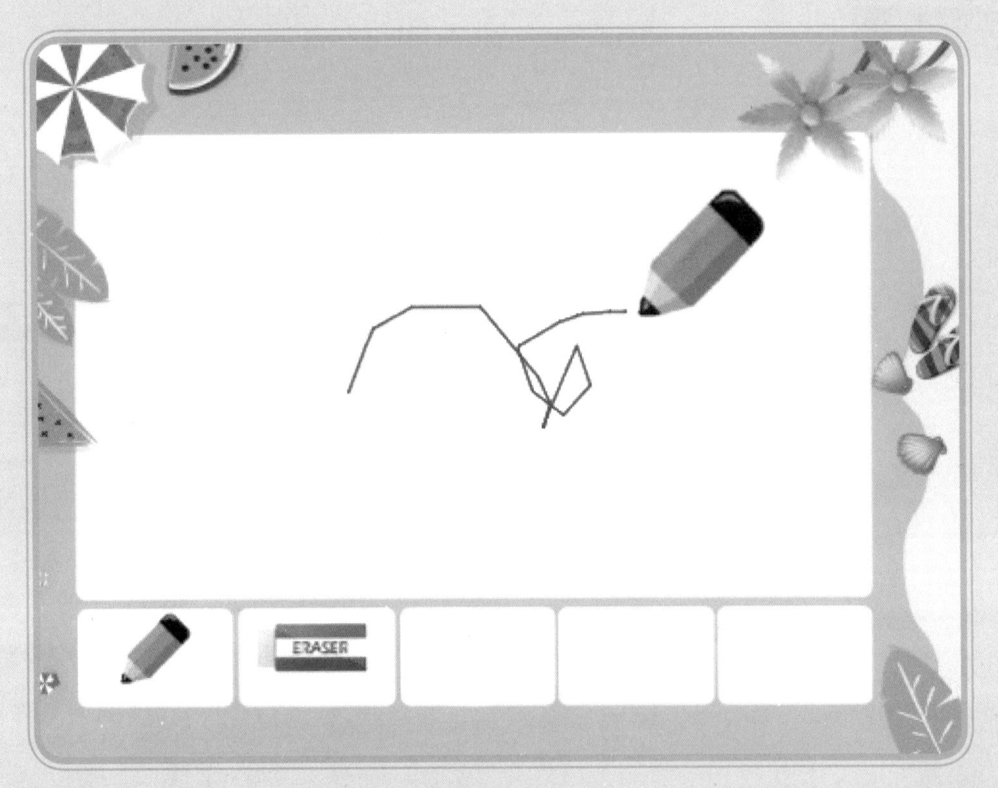

图 4-1-1

算法梳理

在积木区最下方找到“ ”添加扩展模块，选择“画笔”。

积木块	功能
落笔	使角色开始绘画
将笔的颜色设为	设定画笔的颜色
抬笔	使角色停止绘画
移到 鼠标指针	将当前角色移到鼠标指针的位置

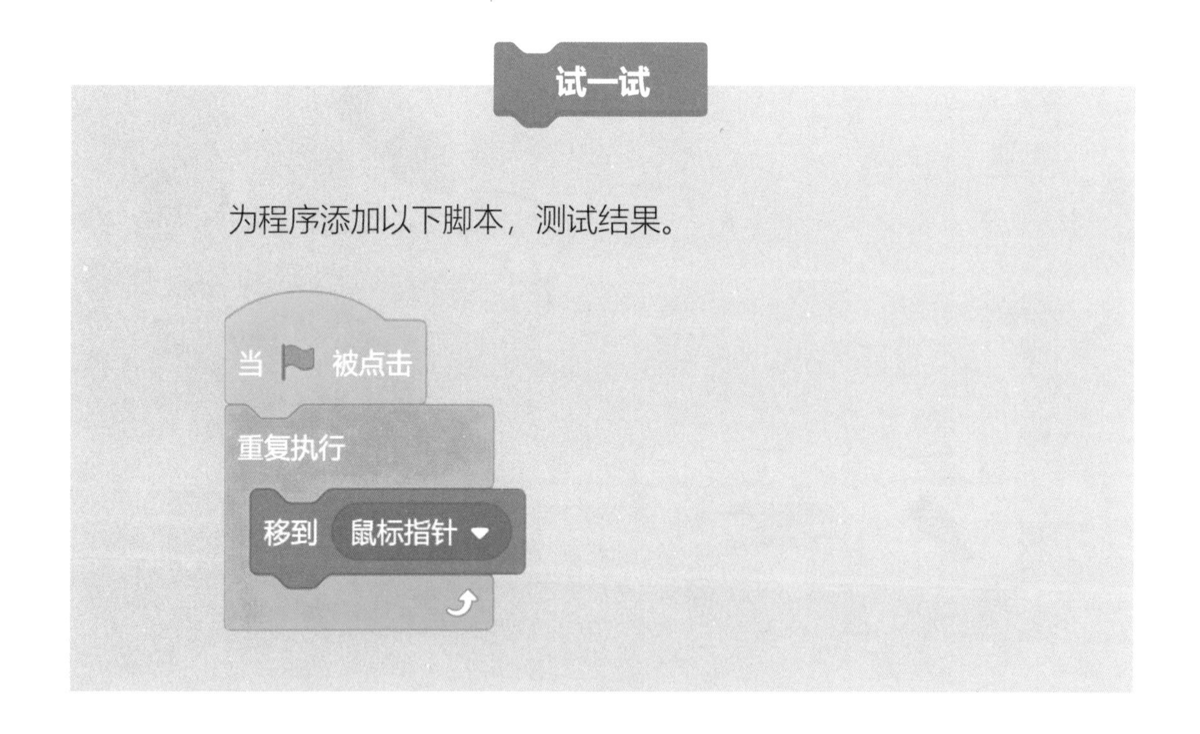

算法实现

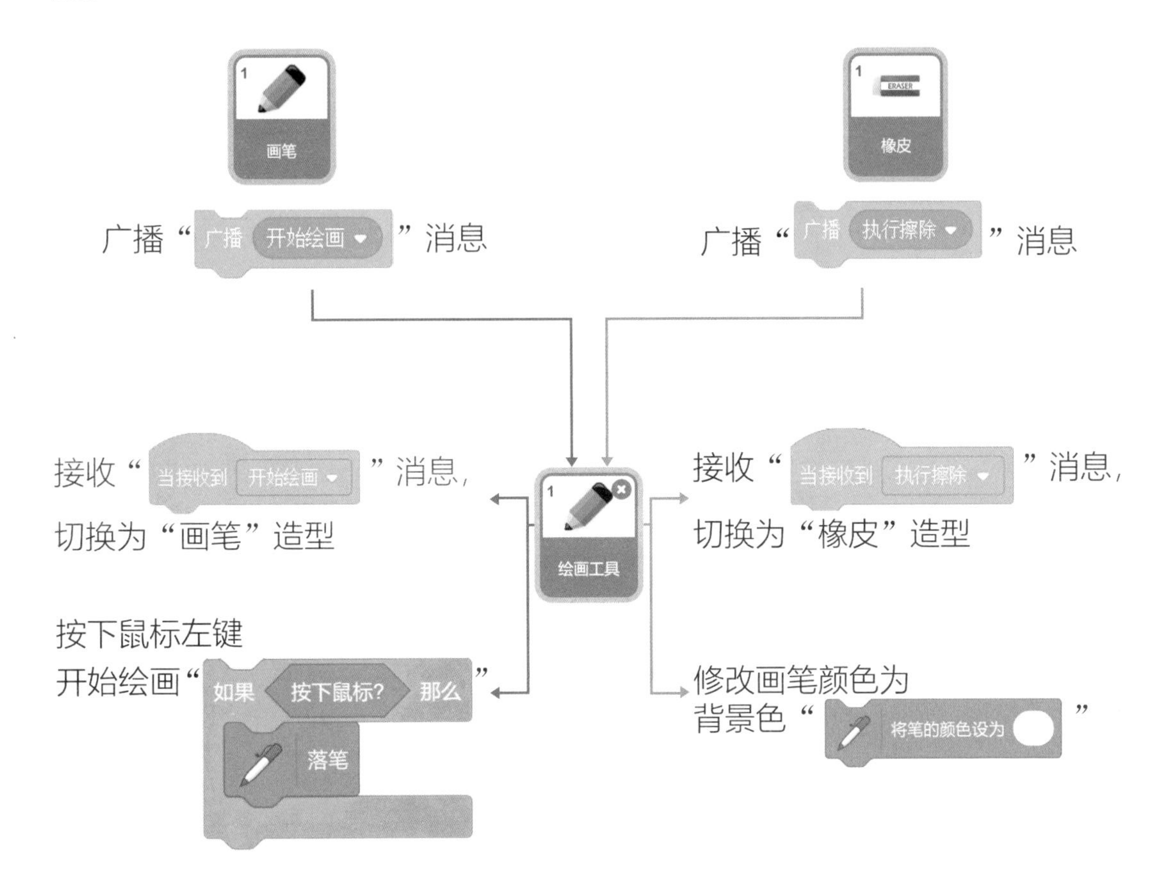

想一想：

如何在松开鼠标左键时停止绘画？

进阶任务

设计程序：限制铅笔对象只能在绘图区绘画。

自我评价

完成课堂练习　　　　　达标□

完成进阶任务　　　　　达标□

L4-2
小码君爱画画（二）

任务需求

为画板增加“修改画笔颜色”和“修改画笔粗细”的控制功能，如图 4-2-1 所示。

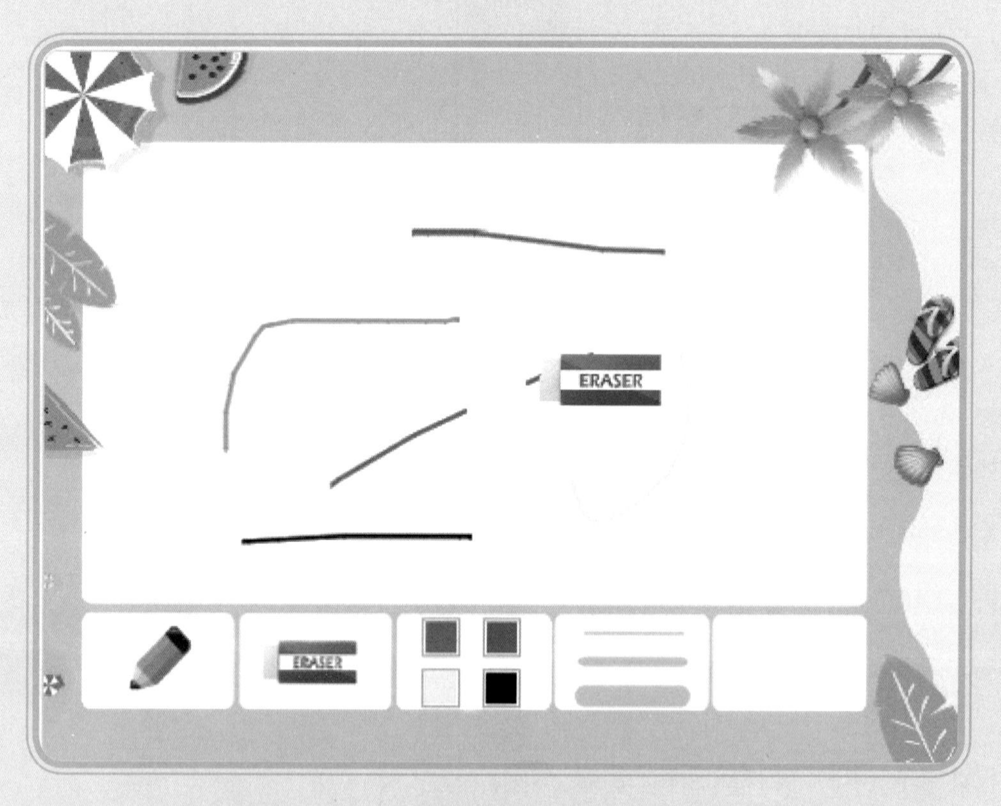

图 4-2-1

算法梳理

积木块	功能
	设定画笔粗细

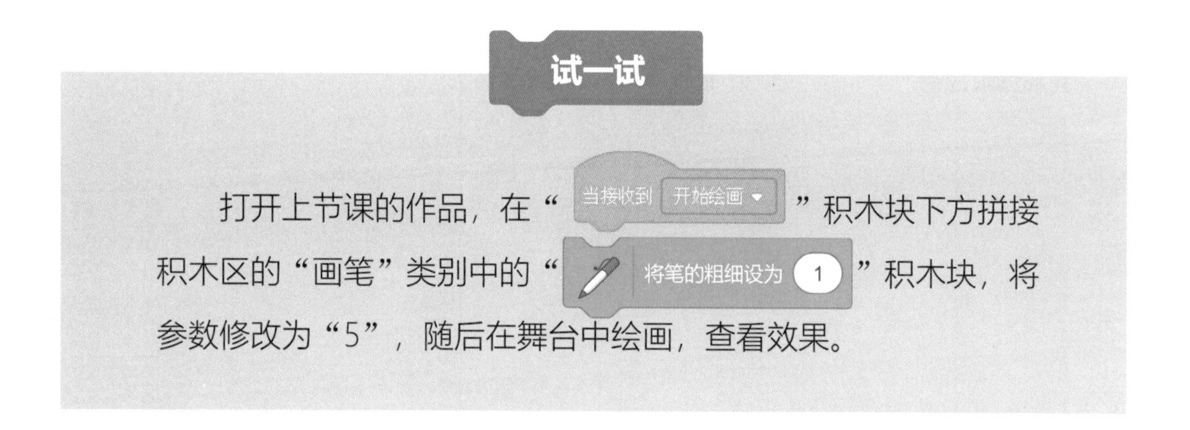

试一试

打开上节课的作品，在“当接收到 开始绘画”积木块下方拼接积木区的“画笔”类别中的“将笔的粗细设为 1”积木块，将参数修改为“5”，随后在舞台中绘画，查看效果。

算法实现

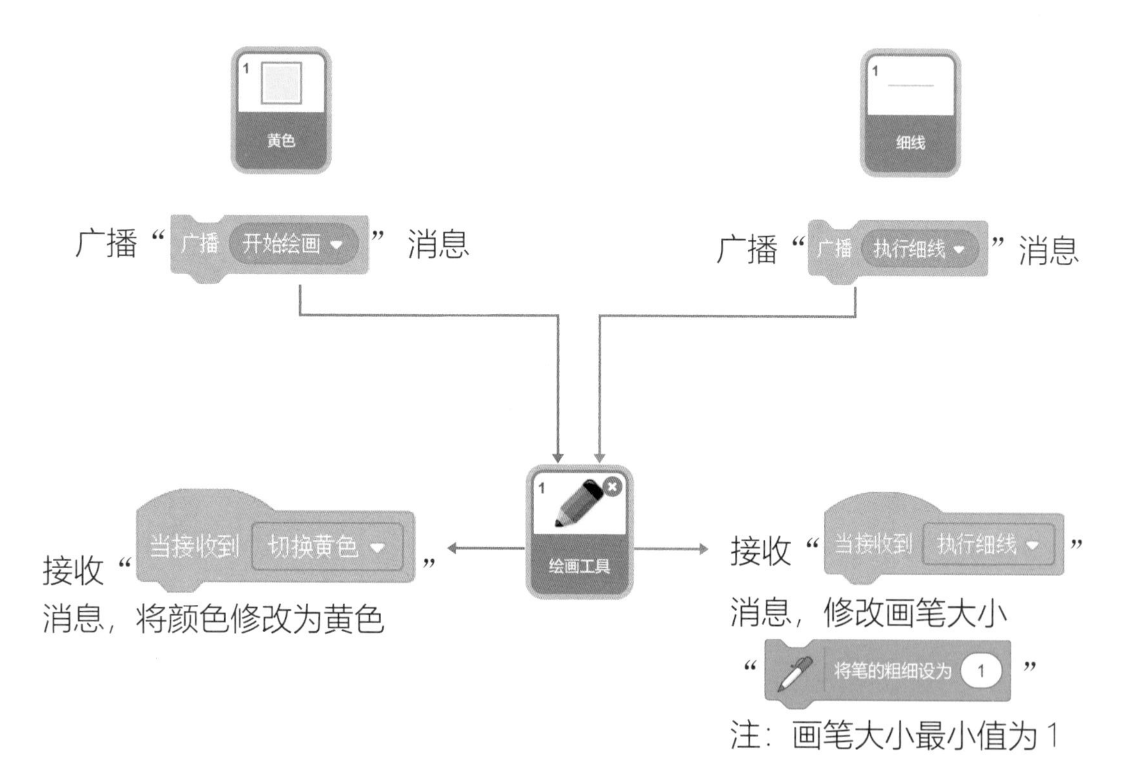

进阶任务

设计程序：为画板增加更多功能。

自我评价

完成课堂练习　　　　达标□

完成进阶任务　　　　达标□

L4-3
小码君学几何

任务需求

用户输入一个数值，程序能够绘制出该数值所对应的多边形，如图 4-3-1 所示。

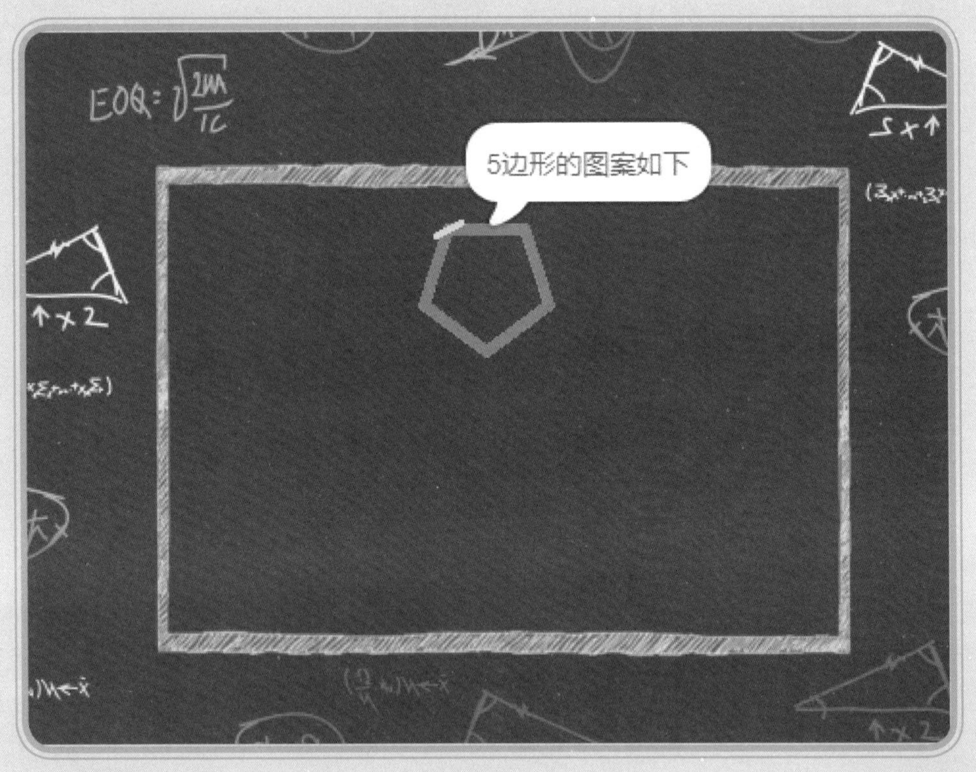

图 4-3-1

算法梳理

积木块	功能
	调取、运行自定义积木块
	自定义积木块新建完成后，默认会在脚本区显示该积木块，还需要将完成该积木块功能的其他积木块拖动组合到该积木块的下方

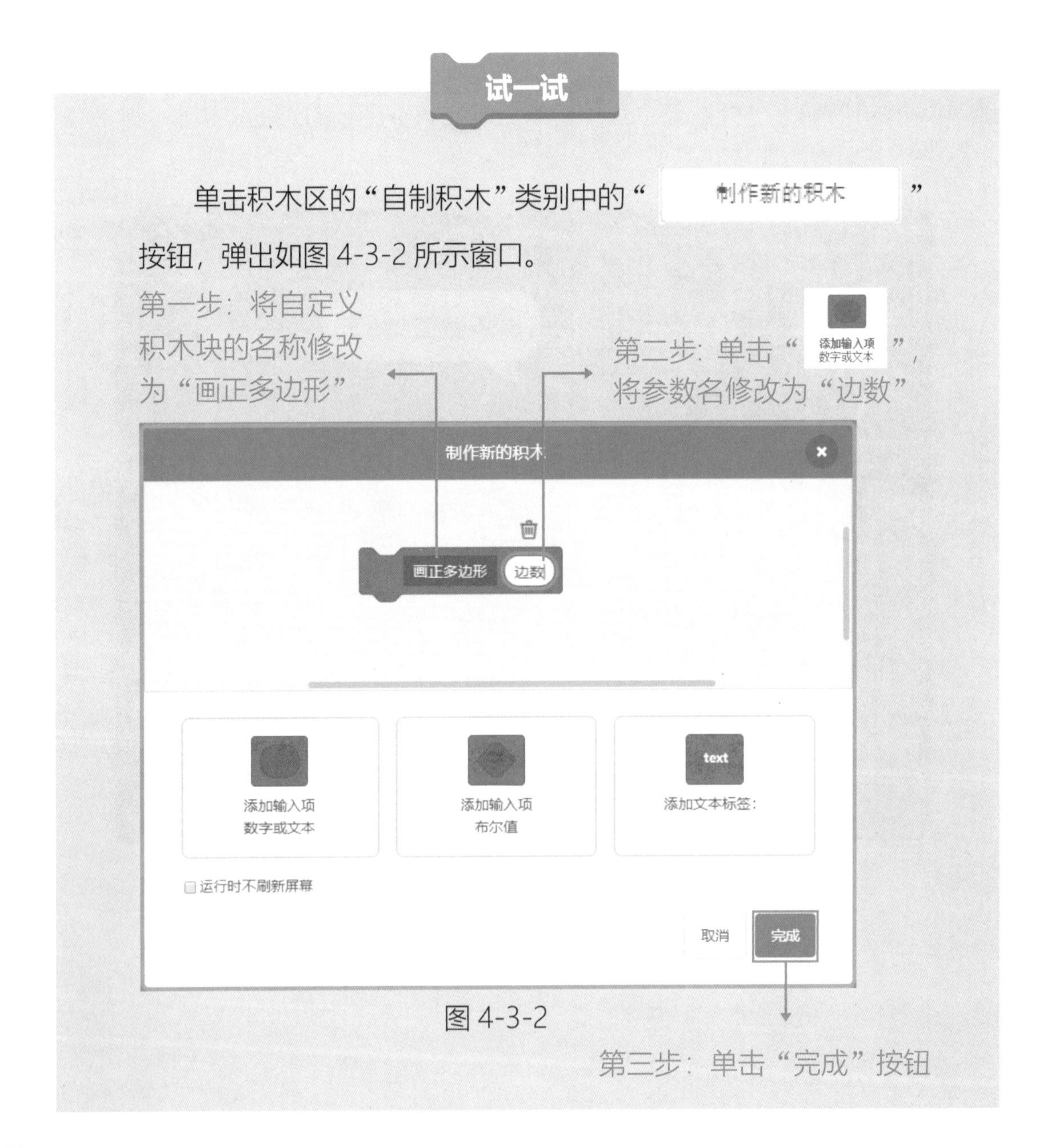

图 4-3-2

绘制三角形

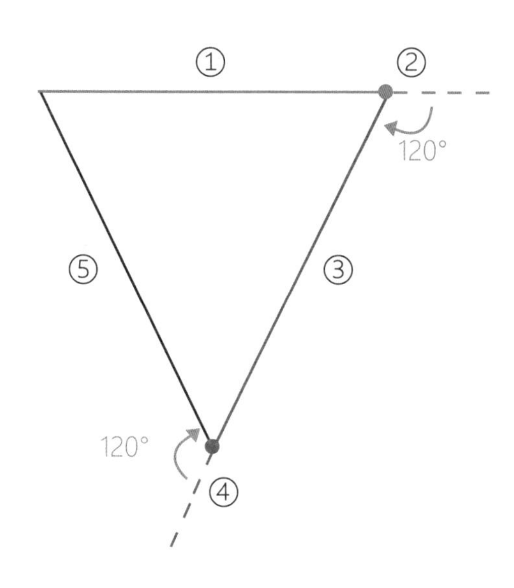

①绘制一条边

②按顺时针方向旋转 120°

③绘制等长的第二条边

④再按顺时针方向旋转 120°

⑤绘制等长的第三条边

绘制四边形

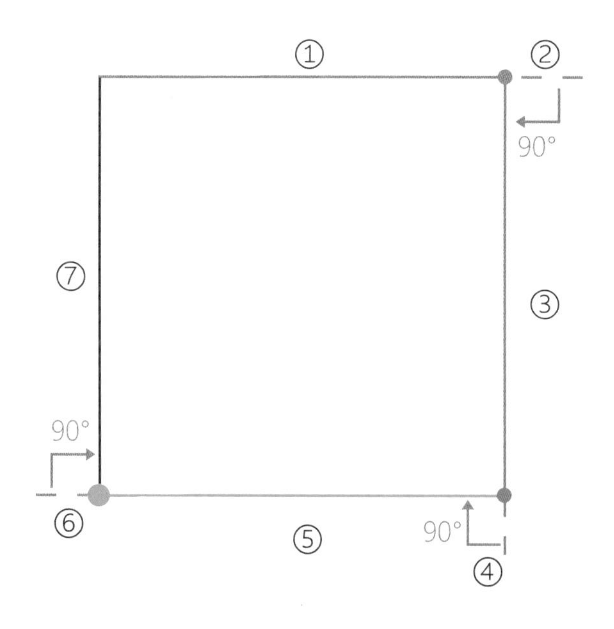

①绘制一条边

②按顺时针方向旋转 90°

③绘制等长的第二条边

④再按顺时针方向旋转 90°

⑤绘制等长的第三条边

⑥按顺时针方向旋转 90°

⑦绘制等长的第四条边

做一做：

了解绘制三角形与四边形原理，计算多边形的旋转角度。

几何图形	旋转角度
三角形	
四边形	
五边形	
n 边形	

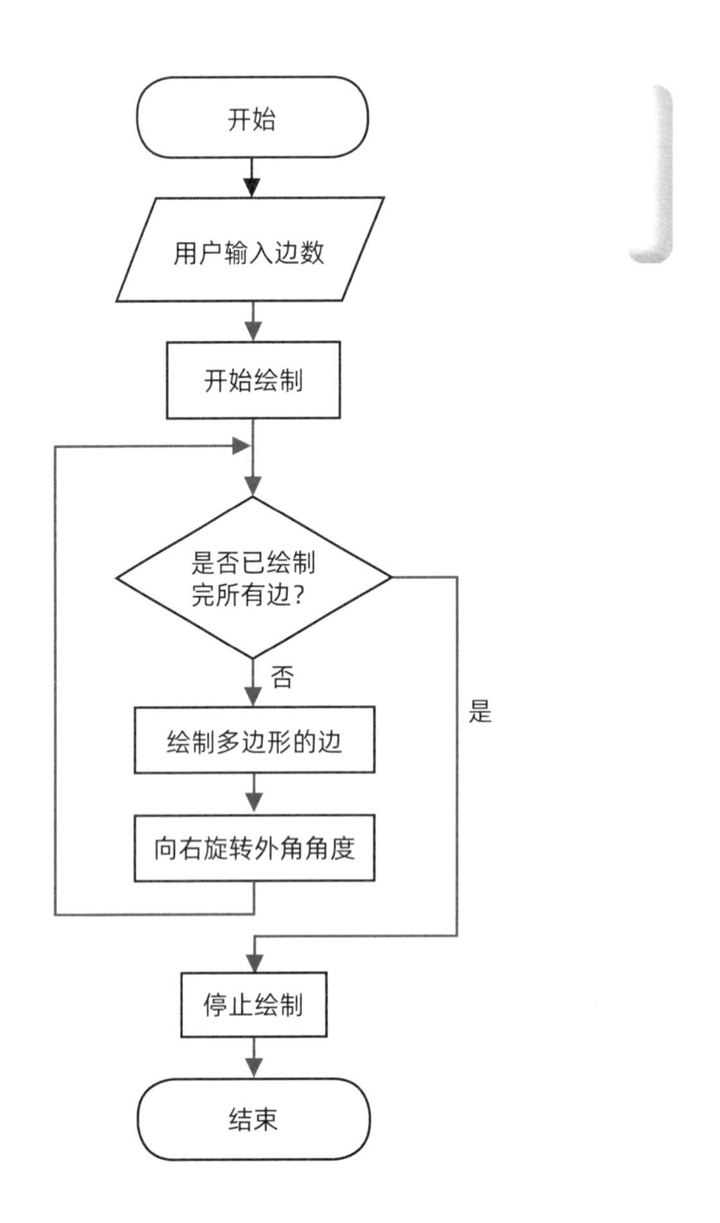

算法实现

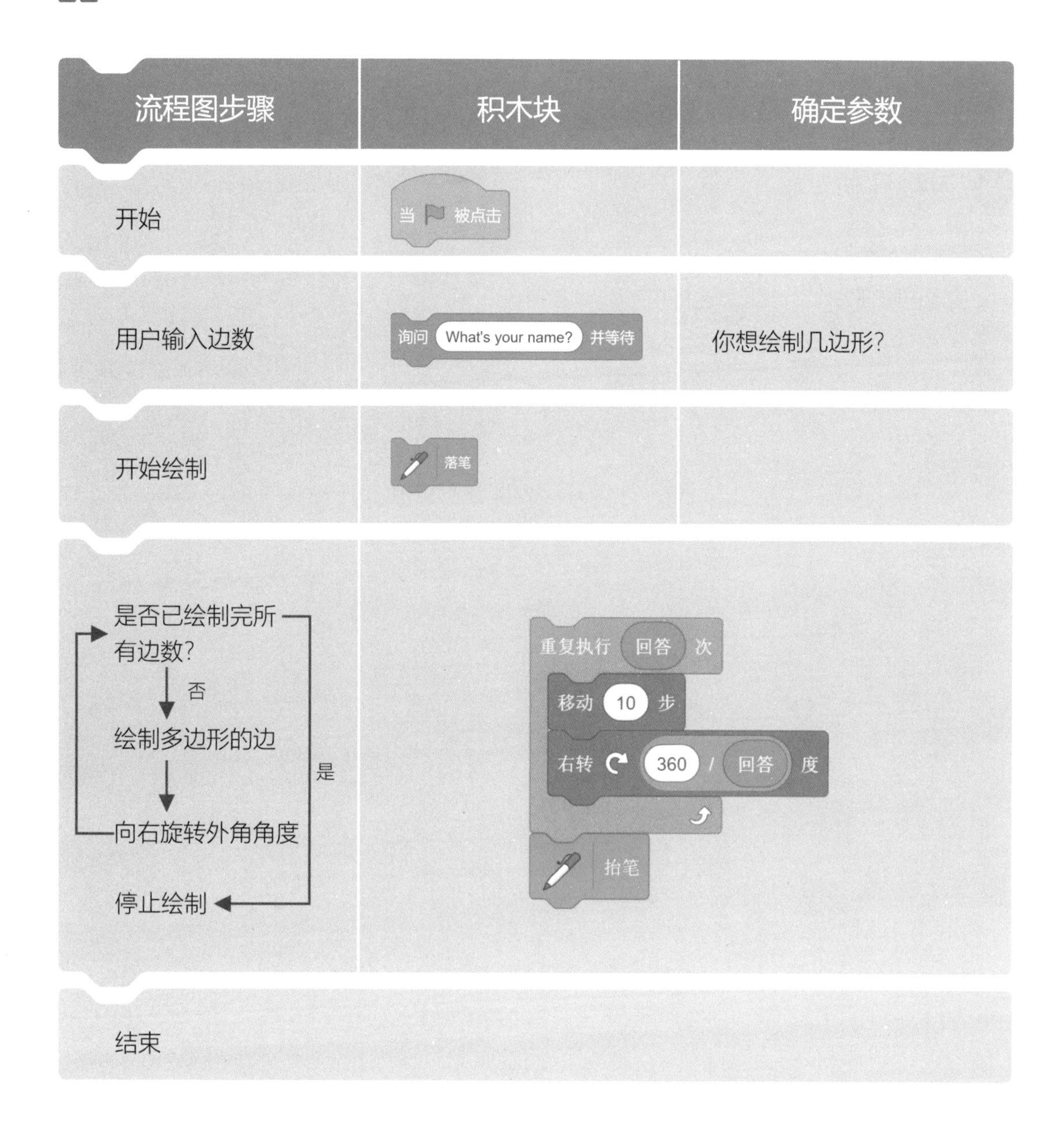

流程图步骤	积木块	确定参数
开始	当 ⚑ 被点击	
用户输入边数	询问 What's your name? 并等待	你想绘制几边形?
开始绘制	落笔	
是否已绘制完所有边数? 否 绘制多边形的边 向右旋转外角角度 是 停止绘制	重复执行 回答 次 移动 10 步 右转 ↻ 360 / 回答 度 抬笔	
结束		

进阶任务

设计程序：改进程序，使得用户可以输入多边形的边长。

自我评价

完成课堂练习　　　　　达标□

完成进阶任务　　　　　达标□

综合练习七

独自完成“乌鸦喝水”案例

要求:

(1) 乌鸦描述情景。

(2) 点击石堆，乌鸦在石堆以及瓶口间往返一次，然后瓶口内的水位上升一点。

(3) 当水位到达瓶口时，作品结束。

提示:

案例素材在“综合练习七”课程包。

L4-4
小码君学跨栏

任务需求

运行程序，舞台中的小码君在奔跑，使用空格键来让小码君向上跳跃，若碰到栏杆，则停止程序，如图 4-4-1 所示。

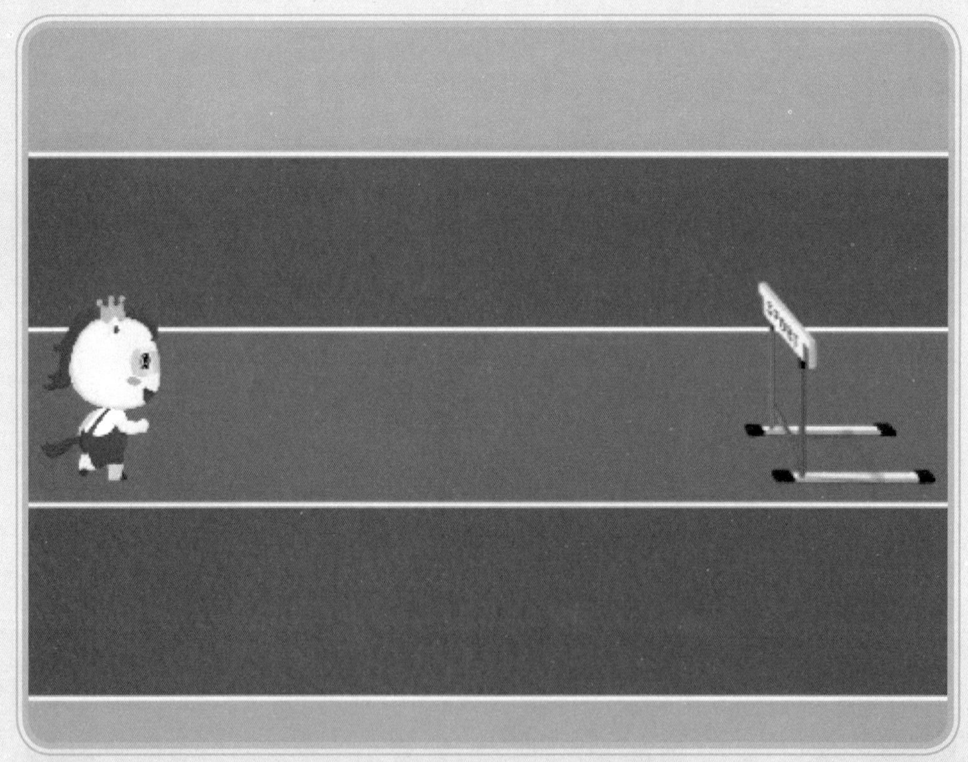

图 4-4-1

算法梳理

积木块	功能
停止 全部脚本	停止所有的脚本

向左移动栏杆可以制造小码君向前移动的效果，如图 4-4-2 所示。

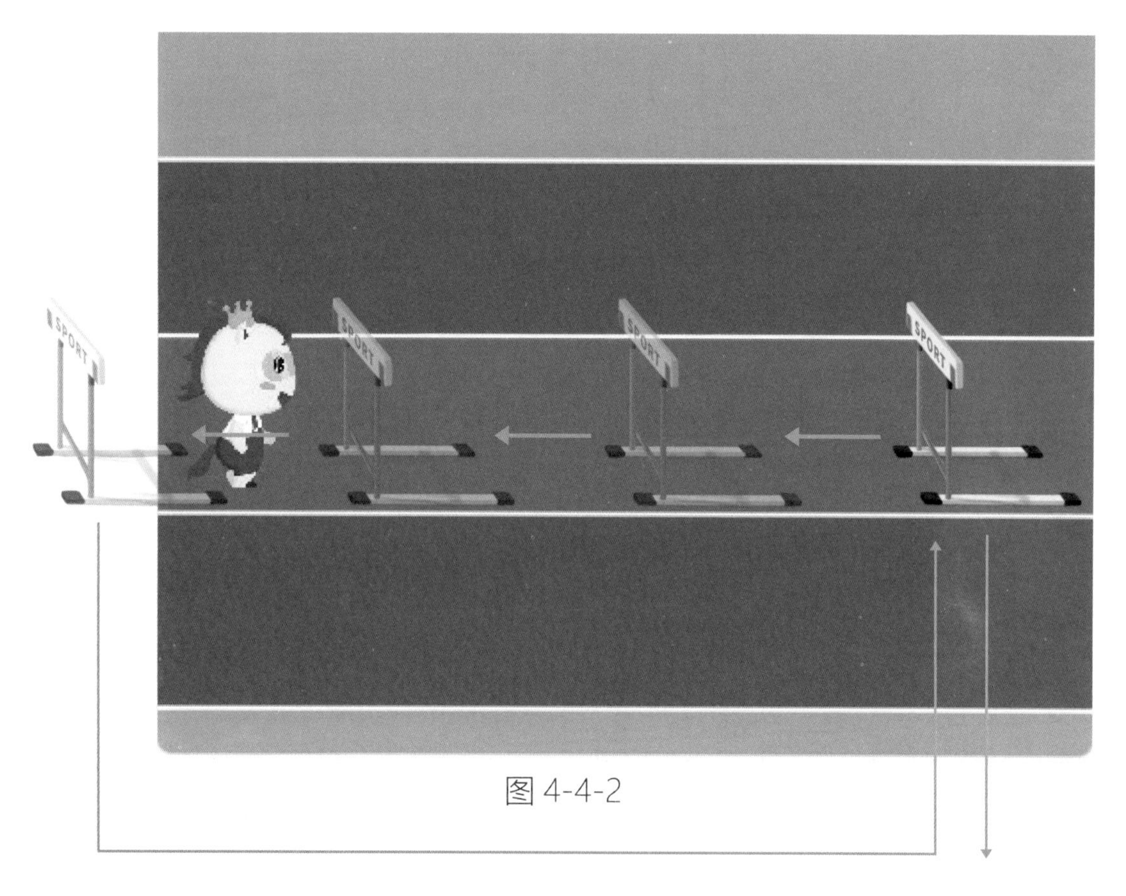

图 4-4-2

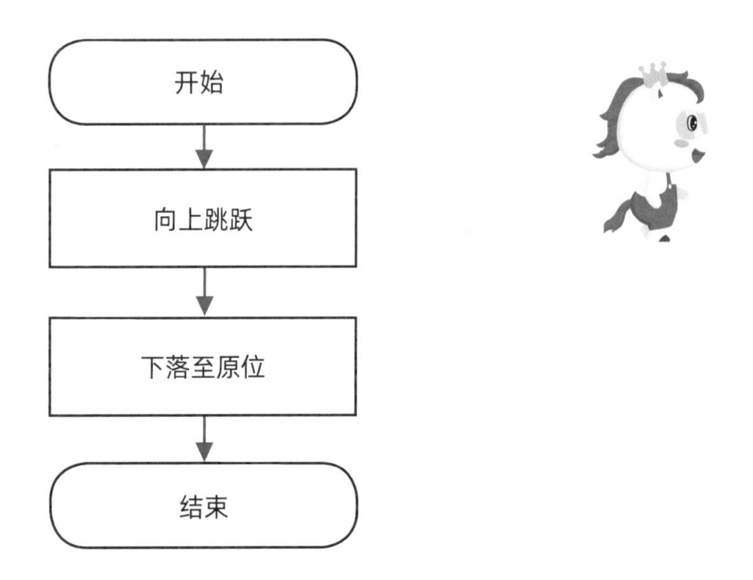

可以将一个复杂的程序拆分成几个相对简单的程序。

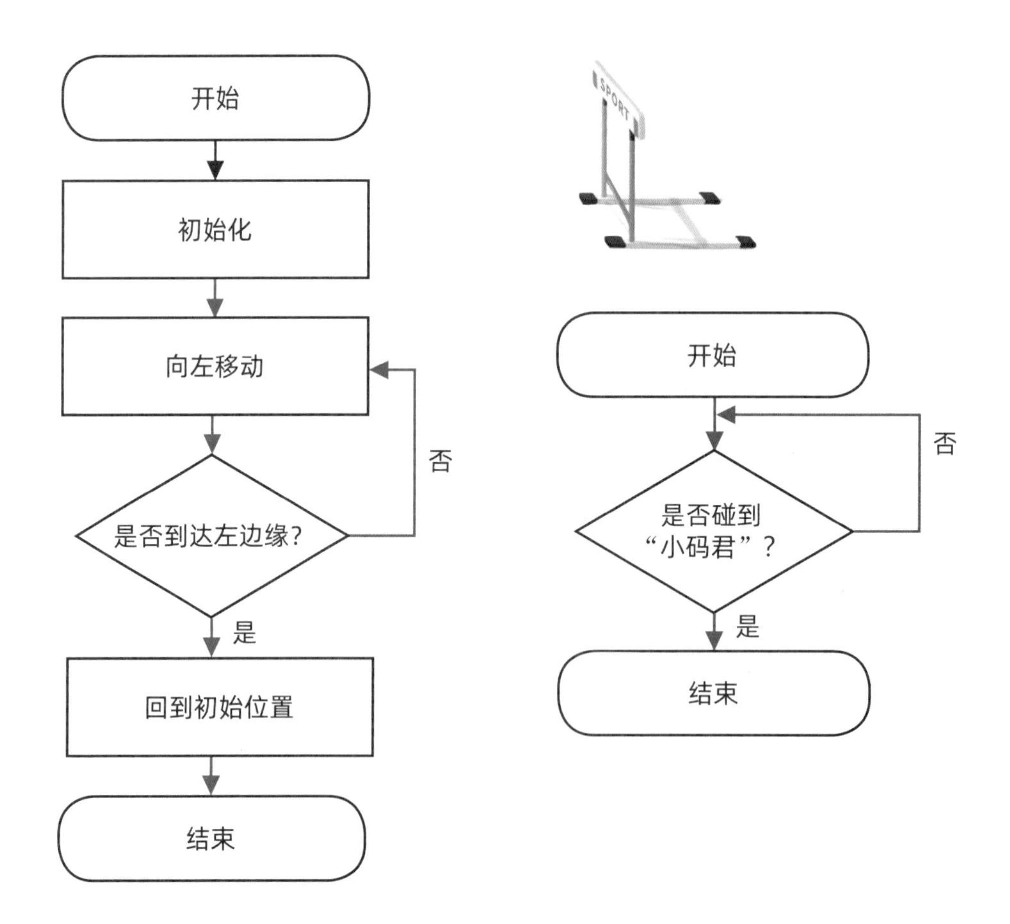

算法实现

流程图步骤（小码君）	积木块	确定参数
开始	当按下 空格 ▾ 键	空格
向上跳跃	在 1 秒内滑行到 x: 0 y: 0	(-200，150)
下落至原位	在 1 秒内滑行到 x: 0 y: 0	(-200，0)
结束		

想一想：

你还能用什么积木块实现“小码君”向上跳跃和下落至原位？

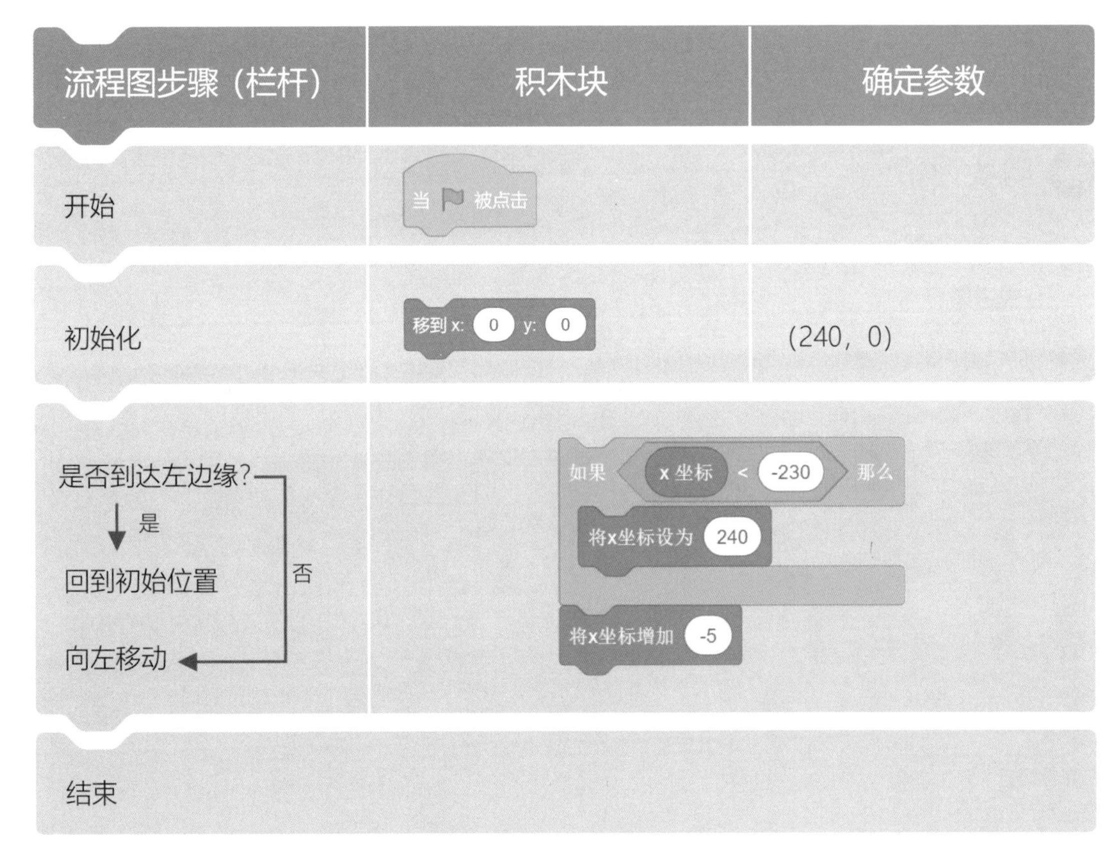

流程图步骤（栏杆）	积木块	确定参数
开始	当 🏴 被点击	
初始化	移到 x: 0 y: 0	(240，0)
是否到达左边缘？ —否→ 向左移动 ↓是 回到初始位置 向左移动	如果 x坐标 < -230 那么 将x坐标设为 240 将x坐标增加 -5	
结束		

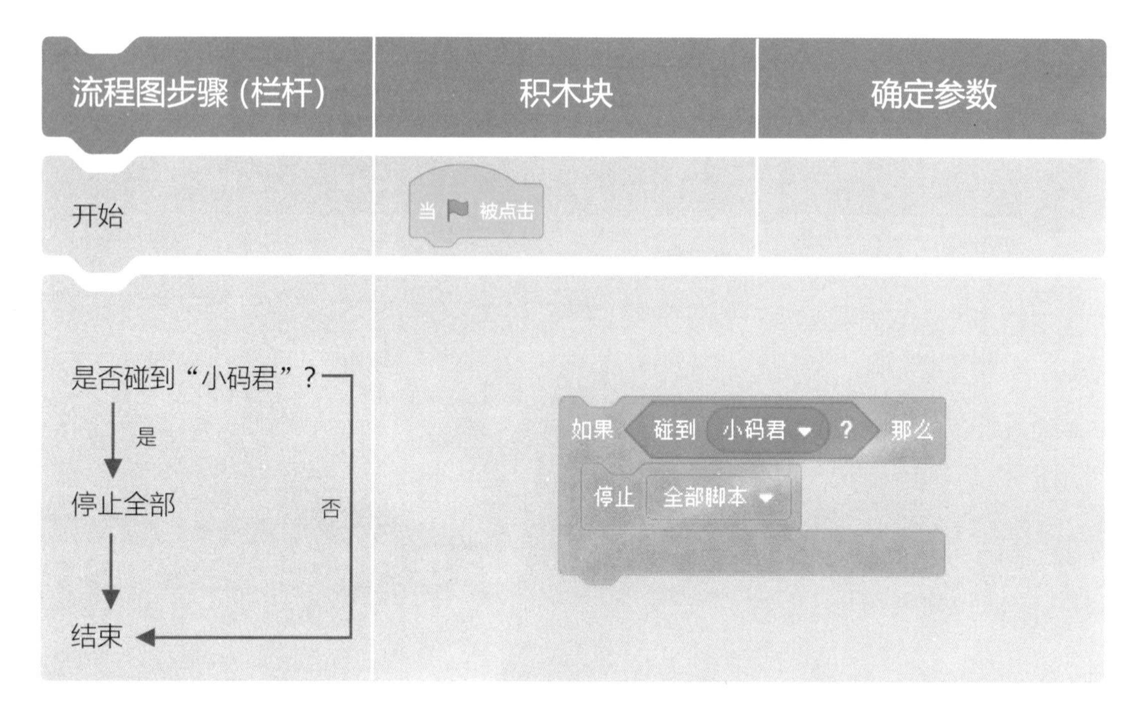

进阶任务

设计程序：再添加一个栏杆。

自我评价

完成课堂练习　　　　达标□

完成进阶任务　　　　达标□

L4-5
小码君赏雪

任务需求

在舞台中营造出大雪纷飞的效果，如图 4-5-1 所示。

图 4-5-1

算法梳理

积木块	功能
克隆 自己▼	克隆指定的角色
当作为克隆体启动时	当作为克隆体启动时执行指令下方的脚本
删除此克隆体	删除当前的克隆体

试一试

Scratch 中克隆指复制角色以及角色所执行的程序。单击积木区“控制”类别中的“克隆 自己▼”积木块，再拖动舞台中的角色，你发现了什么？

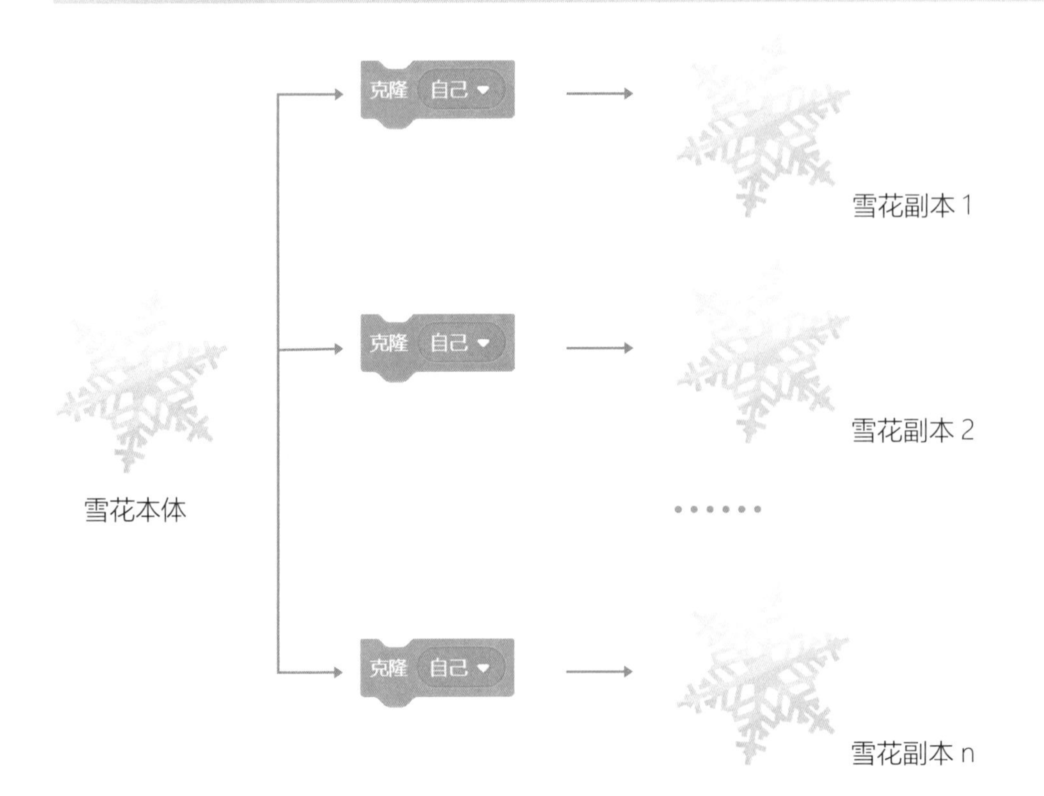

一个本体可以克隆出 n 个副本

算法实现

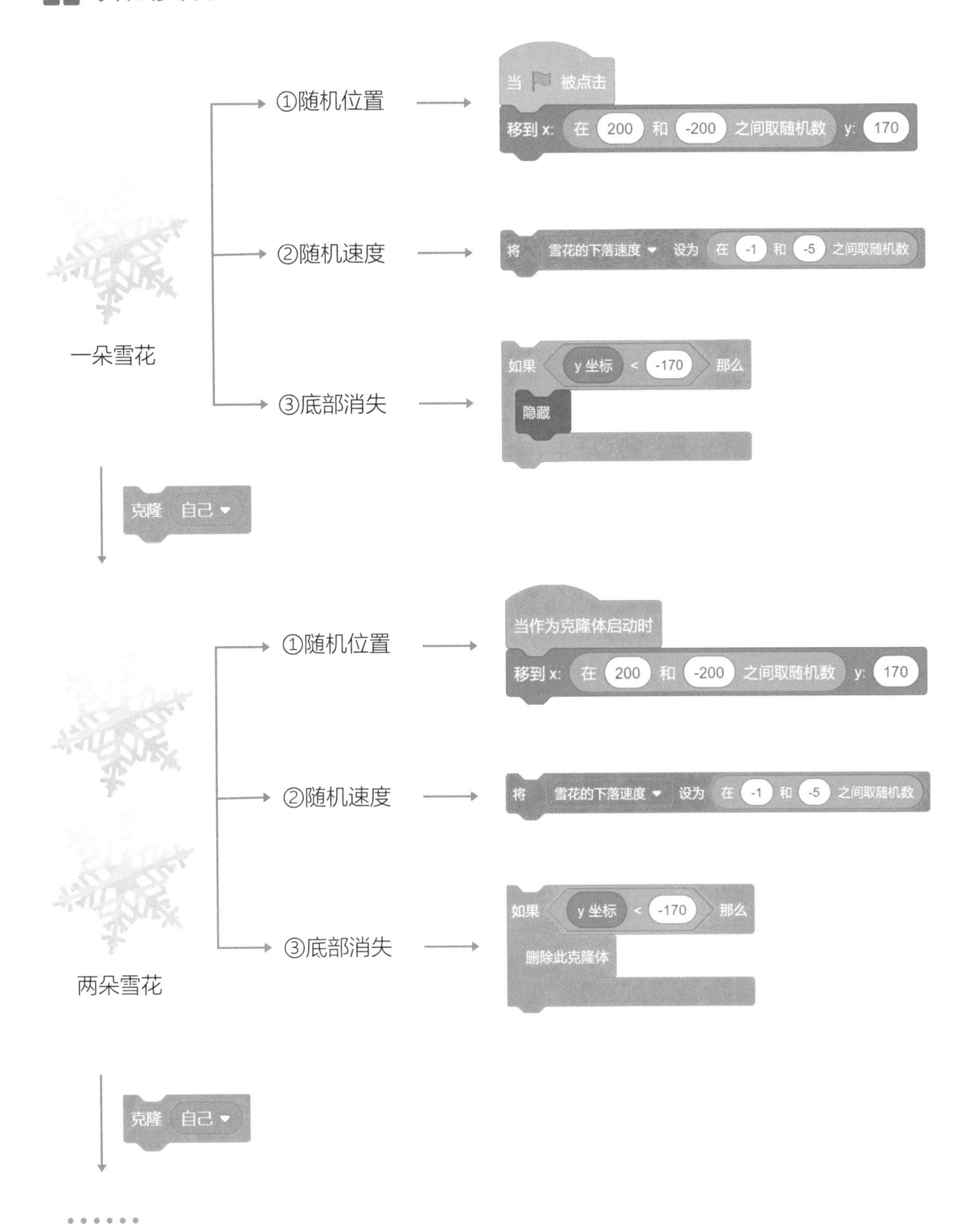
①随机位置
当 被点击
移到 x: 在 200 和 -200 之间取随机数 y: 170
②随机速度
将 雪花的下落速度 设为 在 -1 和 -5 之间取随机数
一朵雪花
③底部消失
如果 y 坐标 < -170 那么
隐藏
克隆 自己
①随机位置
当作为克隆体启动时
移到 x: 在 200 和 -200 之间取随机数 y: 170
②随机速度
将 雪花的下落速度 设为 在 -1 和 -5 之间取随机数
③底部消失
如果 y 坐标 < -170 那么
删除此克隆体
两朵雪花
克隆 自己

……

想一想：

运行程序，多个雪花下落中你发现了什么问题？如何使每个雪花下落的速度不同？

提示：

在变量模块中，全局变量是所有角色都可以看到的，局部变量只能当前角色看到，如图 4-5-2 所示。

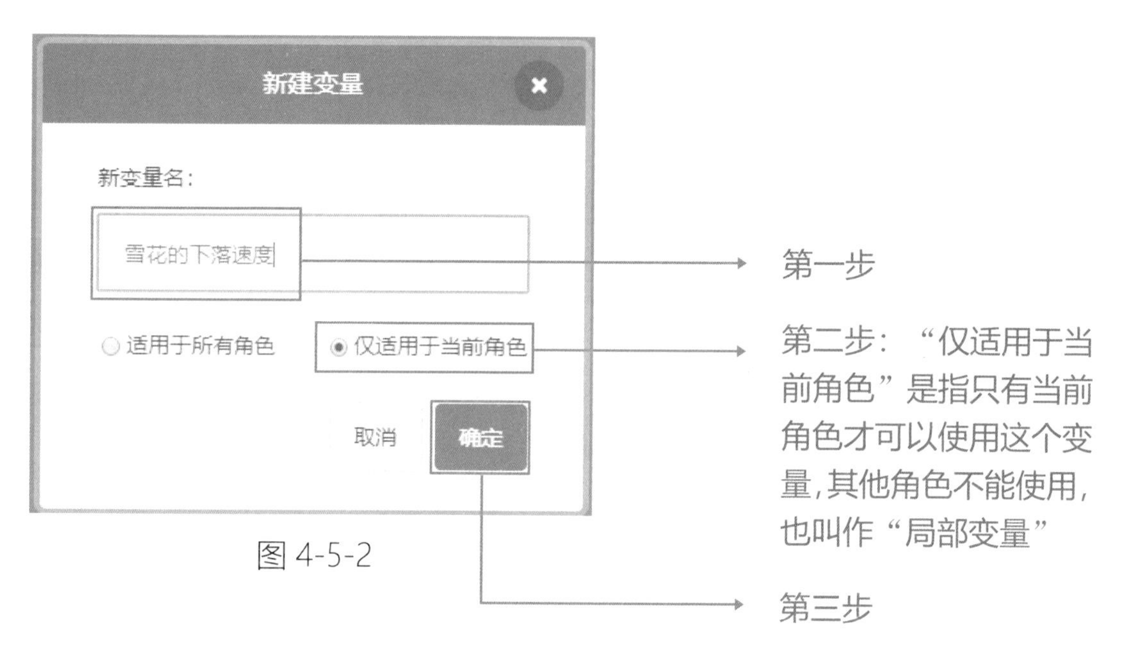

图 4-5-2

进阶任务

设计程序：让雪花拥有不同的尺寸。

自我评价

完成课堂练习　　　　达标□

完成进阶任务　　　　达标□

L4-6
小码君去军训

任务需求

使用空格键发射子弹，靶子移动的速度各不相同，击中靶子后播放声音，如图 4-6-1 所示。

图 4-6-1

算法梳理

积木块	功能
播放声音 pop	当前角色播放指定声音的同时，继续执行程序
显示	设置当前角色状态为“显示”，也就是在舞台上能够看到当前角色
隐藏	设置当前角色状态为“隐藏”，也就是在舞台上不能够看到当前角色

Scratch 的“声音”标签可以查看、编辑、添加、删除声音文件，如图 4-6-2 所示。

②声音文件“喵 .wav”

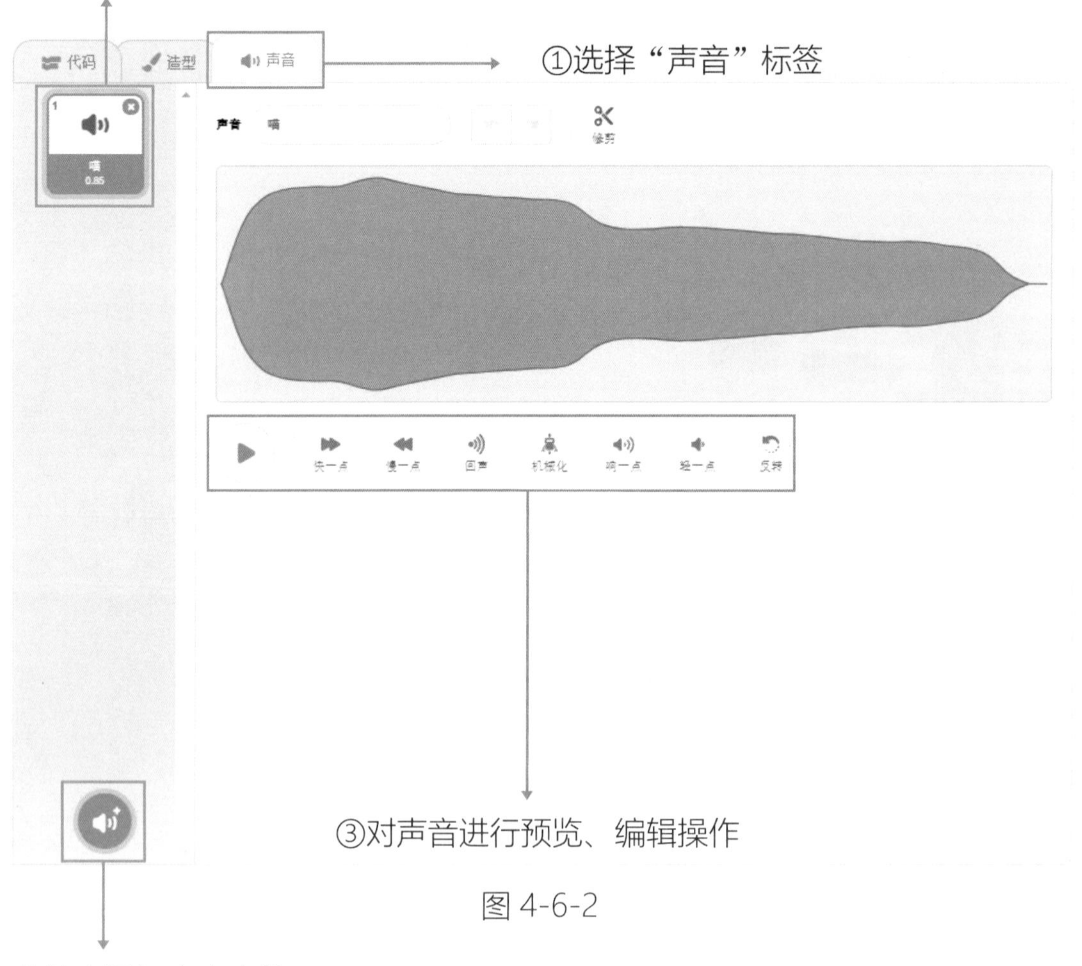

图 4-6-2

④单击添加声音文件

算法实现

靶子的移动类似之前课程中栏杆移动。

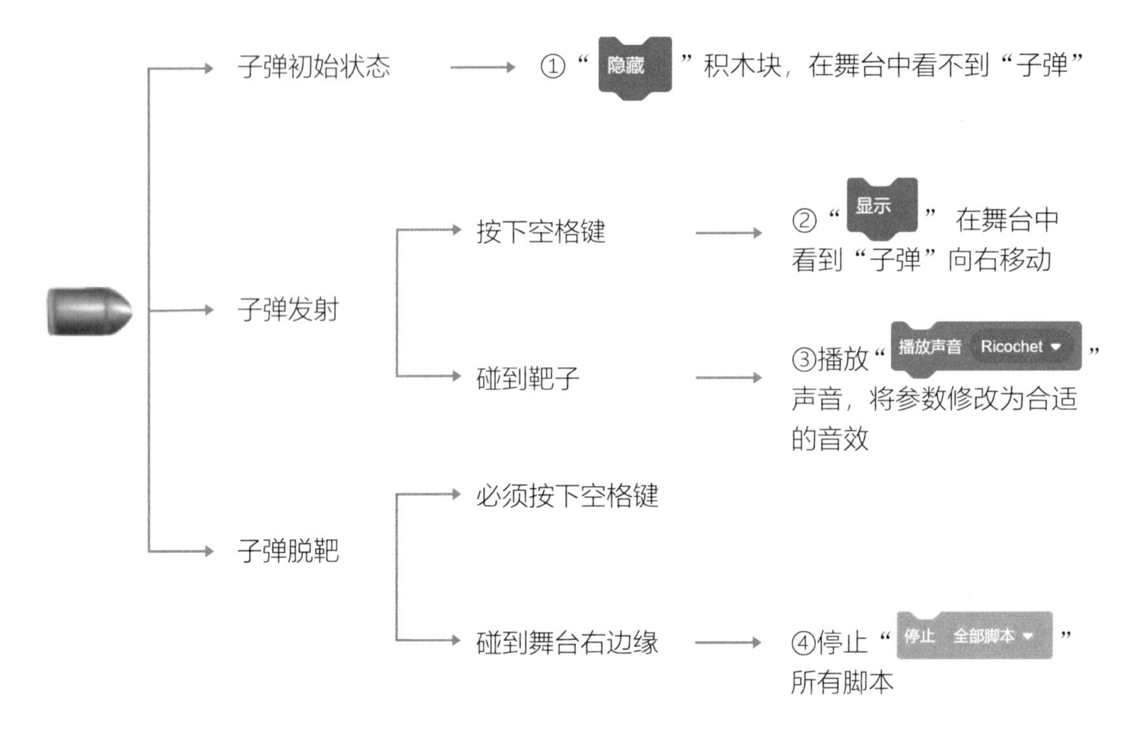

进阶任务

设计程序：共有 10 发子弹。

自我评价

完成课堂练习　　　　达标□

完成进阶任务　　　　达标□

综合练习八

独自完成“保卫水源”案例

要求：

（1）克隆实现多个污水同时下落。

（2）污水被点击后消失并且得分 +1，如果污水下落到最底部没有被点击到，那么得分 -1。

（3）设置倒计时，倒计时结束，作品停止。

提示：

案例素材在“综合练习八”课程包。

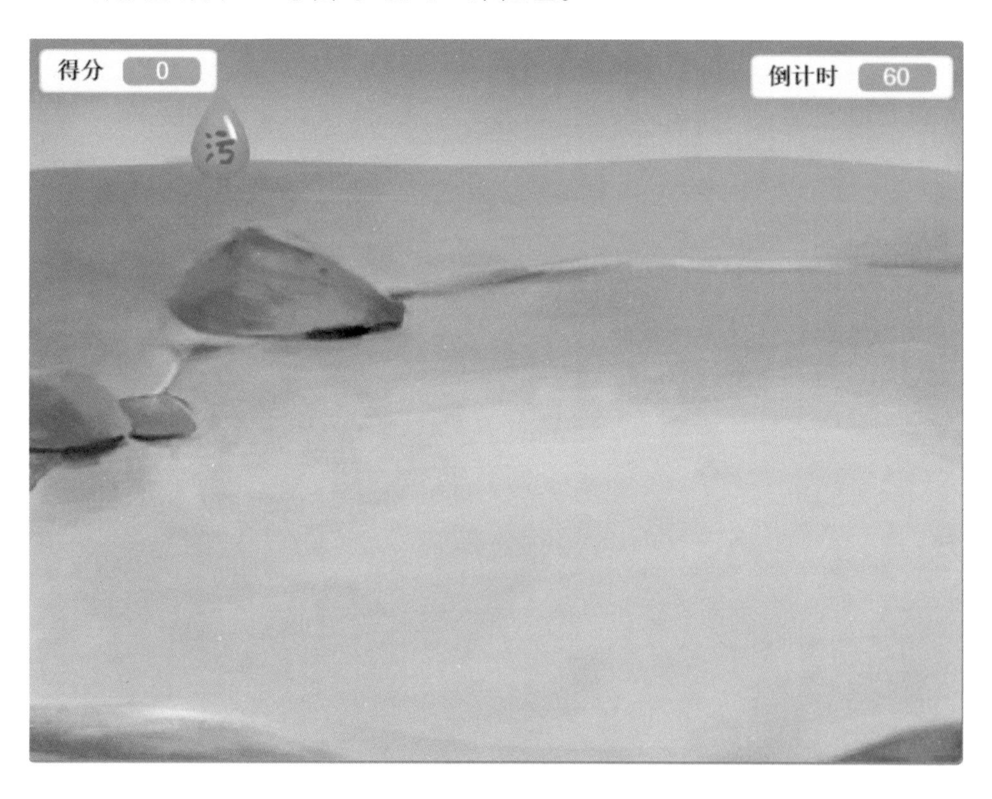